LOCUS

LOCUS

LOCUS

LOCUS

touch

對於變化，我們需要的不是觀察。而是接觸。

touch 68

我工作，我沒有不開心
對人對事不上心也是一種職場優勢
No Hard Feelings：The Secret Power of Embracing Emotions at Work
作者：莉茲‧佛斯蓮（Liz Fosslien）
莫莉‧威斯特‧杜菲（Mollie West Duffy）
插畫：莉茲‧佛斯蓮
譯者：李函容
責任編輯：吳瑞淑
美術編輯：許慈力
內頁構成：林婕瀅
校對：呂佳真
出版者：大塊文化出版股份有限公司
台北市 10550 南京東路四段 25 號 11 樓
www.locuspublishing.com
電子信箱：locus@locuspublishing.com
讀者服務專線：0800 006 689
電話：（02）8712 3898
傳真：（02）8712 3897
郵撥帳號：1895 5675
戶名：大塊文化出版股份有限公司
法律顧問：董安丹律師、顧慕堯律師
版權所有　翻印必究

總經銷：大和書報圖書股份有限公司
地址：新北市新莊區五工五路 2 號
TEL：(02) 89902588 (代表號)　　FAX：(02) 22901658
初版一刷：2019 年 7 月
初版四刷：2020 年 1 月

定價：新台幣 420 元
Printed in Taiwan

我工作，我沒有不開心

NO HARD FEELINGS

對人對事不上心也是一種職場優勢

THE SECRET POWER OF EMBRACING EMOTIONS AT WORK

LIZ FOSSLIEN & MOLLIE WEST DUFFY

莉茲·佛斯蓮 & 莫莉·威斯特·杜菲 著　李函容 譯

抱著最強大的情感——愛
將這本書獻給我們的家人

目次

辦 公 室 的 一 天

第一章

百感交集的未來

歡迎來到工作的感性世界

霍華・舒茲（Howard Schultz）經過八年短暫的離開，在2008年重新接掌星巴克（Starbucks）咖啡執行長。當時他哭了。他不是獨自躲起來哭——不是躲在浴室裡，也不是把自己鎖在辦公室角落——而是在公司全體員工眾目睽睽之下，他哭了。

在舒茲回任星巴克之前，前兩任執行長的成績大幅超越舒茲，他們帶領星巴克急速成長。但是在2007年發生金融風暴，飛快建立起來的星巴克帝國開始搖搖欲墜。當時星巴克每日銷售業績以兩位數的跌幅下滑。

在舒茲回歸之前，他每晚躺在床上盯著天花板，擔心自己回去當執行長的第一天，到底該說什麼。他熱切希望能向數十萬名員工再三保證，他們的工作沒有任何危機。不過用信心喊話來提振士氣，不單只是個策略；舒茲認為自己有責任，好好照顧星巴克的工作夥伴。因為他的童年過得貧困，目睹他的父母辛苦維持家庭生計。所以他很清楚，工作對於他父母而言有多重要。

舒茲走上台，他明白這些員工寄望他來解決現況，同時也需要看見他的脆弱。其實在舒茲短暫離開星巴克的這幾年，公司的發展讓他心煩意亂，他們應該要了解這一點。舒茲決定摘下自己的面具，很少有人——很少有公司執行長——願意在員工跟前露出真面目。他撇開那些制式化的做事風格，在全體員工的注視之下，他的眼淚掉了下來。

　　哭泣似乎有時可以巧妙處理，可以精心拿捏。舒茲的情緒商數（EQ）在當時脆弱的時刻控制得宜，爾後的發展讓人欣慰：他制定重出江湖的計畫，也蒐集員工的回饋。光是那個月，就有超過五千封的感謝信如雪片般飛來。而在2010年，情勢漸漸改變：星巴克的股價達到前所未有的高峰。

　　我們多數人都低估職場上對於情緒的需求程度和影響力。除了雇主與員工關係，情緒波動影響我們的動機、健康、溝通、決策力等。但是我們大都忽略了情緒。每當我們思考到自身專業，為什麼總是立刻認為我們應該壓抑自身的感覺？

　　這本書是由兩位朋友共同撰寫，她們過去都曾在摸索職場情緒重要性的這條路上吃過苦。當時從事第一份工作，總以為專業就是不許失敗，不許大驚小怪，不許感受。但我們¹很快就發現，這樣的想法太不切實際，阻礙了我們尋找成就感，最終也阻礙我們踏上成功之路。

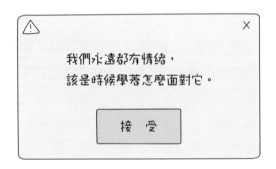

　　莉茲年輕的時候在經濟顧問公司擔任分析師，當時她認為這是她夢寐以求的工作。但在漫漫長夜裡，盯著成堆的證明文件，在日光燈的照射下，她的焦慮和憂鬱與日俱增。後來莉茲辭職了，不留任何退路。她改去星巴克咖啡工作，領薪水付帳單，並開始探討自己之前不快樂的原因。還有，她到底該怎麼改善情緒。

　　在此同時，莫莉在一間新創公司擔任產品經理，工作壓力排山倒海。某天早上她起床時，發現右眼上方麻痺了。接下來幾天那種麻痺感不見好轉，所以莫莉找上醫生。診斷結果呢？焦慮啊。麻痺的原因是她的肩膀和脖子長期處在緊繃狀態。就在此時，莫莉認為她該換份工作。她希望她的工作不必面對層層恐懼、焦慮和挫敗，不必承受情緒引起的生理之痛。

　　但是莫莉並沒有馬上辭職，她花了半年時間尋找新工作。在這過程中，她開始閱讀和情緒、文化與職場的相關研究。因為她了解被困在不健康的工作環境是什麼樣的感受。莉茲也做了同樣的事。我們的目標都是想要更加了解情緒：情緒在什麼時候能發揮作用，什麼時候卻是自找麻煩？我們可以改變我們工作的情緒嗎？我們猜，閱讀這本書的你，也同樣在尋找這些

---

1. **有關「我們」**：這本書由兩位作者共同撰寫。書中大部分的敘述會使用第一人稱複數，除了在敘述某個特定故事時，會在該處註明「莉茲」或者「莫莉」的名字，之後就會切換回第一人稱。

我們認為工作應該是這樣

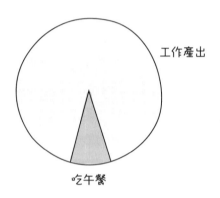

工作產出

吃午餐

實際上工作是這樣

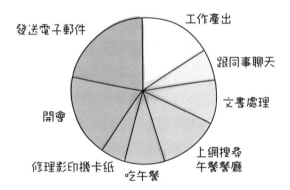

發送電子郵件

工作產出

跟同事聊天

文書處理

上網搜尋
午餐餐廳

開會

修理影印機卡紙

吃午餐

問題的答案。

　　我們的故事從2014年開始。我們的共同朋友在一場交友聯誼會上介紹我們認識。我倆一拍即合：我們都很內向，帶著不羈的幽默感，睡覺要戴眼罩才能睡得安穩，而且我們都喜歡需要發揮創意的工作。那時候我們都在紐約上班；莉茲之前就決定從美國西岸搬到紐約，到當時才剛成立的吉尼斯（Genius）音樂傳媒公司上班，而莫莉則在研究所擔任助理。

　　相識之後，我們發現雙方對於情緒影響工作的多種方式都很有興趣，所以決定一起撰寫這個主題的圖文。但是很快就遇到瓶頸：我們從來沒有密切工作過，溝通模式開始出問題。莫莉認為莉茲太拘泥在沒有人會注意的細節，莉茲認為莫莉的步調太快。我們往來的信件內容愈來愈緊張，導致合作計畫很快就停擺了。為了挽回我們的友情和事業關係，我們約了一起吃頓晚餐，面對面討論這些問題。

　　也太難了吧！我們誰也不願意討論造成彼此難受的那種恐懼。但在我們開始進行咖啡控與茶控的大辯論時，彼此的差異愈加明顯，而這樣的差距需要浮上檯面。要做到這一點，我們必須克服總是假裝情緒不重要的這份直覺。

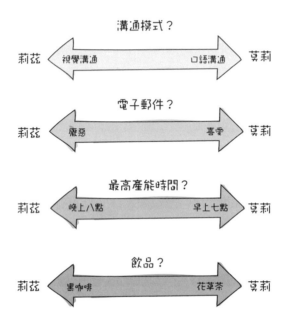

如果我們先前沒有研究職場情緒這門課題，也許就不會這麼信任彼此的感受——也不會意識到，建立一段信任關係，遠比擅長的創意工作還來得重要。既然我們注意到了，我們了解情緒影響彼此合作的每一個環節，以及我們的專業，例如做決定，還有主管與員工間的溝通。

那正是因為職場的未來充滿情緒。複雜的職場互動也沒有劇本可循。當你聽到「職場情緒」這個詞，可能會聯想到職涯中的各種階段：面試、薪水協議和年度考核。但你可能對於日復一日且堆積如山的工作感到緊繃。當公司大頭在通訊平台上

回覆你一個「OK」貼圖，你嚇得不知所措；當同事第五次打斷你，你就想翻桌；當你星期六晚上收到工作的電子郵件，你開始煩惱到底該不該立刻回信。

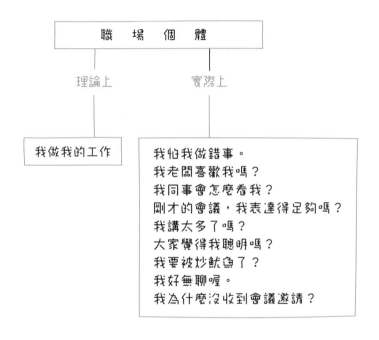

　　我們勢必要對抗那些迫使我們忽略職場情緒的力量。現代的工作需要學習控制情緒──但大多數人在職場上從來沒學過如何控制。當我們開始了解軟實力的重要性，我們不免疑惑：態度這麼柔軟，真的可以嗎？我們的情緒可以表達到什麼程度，才不會顯得不專業？如果那個「真實的我」其實很愛大

驚小怪又愛煩惱呢——我們可以釋放這些情緒嗎？我們的身分（例如：性別[2]、種族、年齡）會怎麼影響這些問題的答案？

壓抑和逃避似乎是最簡單的答案。「我們先到一旁檢視自己的情緒。」但是這種態度適得其反。無論情勢如何，人類是有情緒的生物。在工作中忽視自身情緒，會同時忽略重要的資訊，還可能犯下本來可避免的錯誤。我們寄出電子郵件卻引來不必要的焦慮，我們找不到工作的意義在哪，然後我們就透支了。

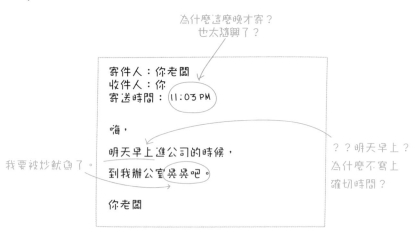

---

2. 備註：近年來的研究，不會將性別以二分法分類。大部分的研究只著重在男性與女性之間的差異。我們用二分法的方式，討論生物性差異，但也認知到有些個體被忽略在討論範圍外。因此，期待這些個體在將來也能納入研究。當我們討論到男性與女性情緒及溝通方式的差異時，我們將性別視為非生物性的角色。

我們猜，你一定聽過情緒商數（emotional intelligence, EQ）。EQ是了解並認識自身及周遭情緒的能力。你可能也知道，比起IQ，EQ較能預測我們在職場上的成就。但獲得職場上真正的成就，需要的條件不只EQ：你必須學著合理地表達情緒。這表示，你表達情緒的方式，是要學著如何與特定情況之下吻合。為此，你需要讓情緒維持流暢——有效地感受情緒，並了解如何適時地將情緒轉為合宜的舉動。

我們的一位朋友最近來訴苦，「我要對部門組員訓話，但我不知道怎麼開始。」當我們進入一間公司會接受一連串訓練，教我們怎麼安排會議，怎麼填寫報銷單據。但沒有人告訴我們，當我們跟同事相處不睦該怎麼辦，或者，和老闆開完一場超瞎的會議之後，又該怎麼恢復。

真實職場恐怖小屋

1　不小心把信全體回覆
2　無法登入
3　塞車
4　無聊得要死
5　每天工作14小時
6　「有空聊一下嗎？」
7　最要好的同事要離職
8　愛管閒事的同事
9　重感冒的同事死不肯請假回家

　　為達成兩項主要改變，必定需要我們先深刻了解工作中的情緒。首先是我們與同事互動的程度。現在企業雇主都在尋找可以融入團隊合作以及擅長與他人言語溝通的員工。根據英國雜誌《經濟學人》（*The Economist*）表示，「對當代企業而言，協作的重要性僅次於虔誠。」但缺點是，愈多協作會造成愈多衝突。套句美國喜劇《歡樂單身派對》（*Seinfeld*）中伊蓮說的台詞，「我要請病假。我對公司的人很感冒。」第二項改變是我們和工作之間的關係。我們勤奮努力，總是把有意義的工作擺在前面。我們漸漸用工作表現來定義自己是誰。這些改變影響甚大，包括我們的健康、動力，以及我們的任何決定都會深受影響。

　　職場情緒雖然不是什麼新話題，但我們常常聽到將工作情緒視為敵人，用盡辦法來順服。這也是我們在工作中處理情緒的方式。現在我們知道，情緒是一種引導，試著從中學習，好好地表達出來。我們要你開始正視情緒，細心並用心對待它。畢竟我們每天都帶著自身情緒去上班。

　　我們打造了「職場情緒七大法則」，教你如何且何時可以依賴你的情緒。成功的方法取決於讓情緒融入到職場，但又不能讓情緒失控。正視我們的嫉妒，我們了解情緒引發的原因。接納我們的焦慮，重新視為一種振奮，往成功邁進一步。了解情緒如何影響決定，我們可以打造一個更公平和更受歡迎的工作環境。換句話說，這本書會教你怎麼掌握和檢視你的情緒──沒錯，也教你偶爾和情緒保持一點適當的距離。當你讀完這本書，就會了解你為何會有情緒，也知道怎麼處理這樣的情緒。

　　有效地處理自身感受，可以賦予你更多力量，而非讓你一頭栽進工作裡：是帶著最好的那個你進入職場。所謂「最好的你」不是指「最完美的你」。最好的你可能依然暴躁魯莽，愛嫉妒，或者因為沮喪而放聲大哭。但是最好的那個你也知道在這些情緒裡，哪些情緒隱含重要訊息，哪些僅是噪音。最好的你知道如何從情緒中有所獲益，並如何表達情緒，而不是情緒激動。最好的你是最真的你，不會去壓垮別人的情緒。

職場情結

新法則

對工作少一點熱情

鼓舞自己

情緒是決策方程的一環

心理安全第一

你的感受不代表事實

情緒文化的次第傳遞
從你開始

選擇性脆弱

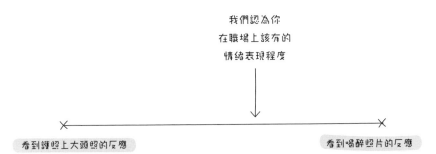

我們認為你
在職場上該有的
情緒表現程度

看到證照上大頭照的反應　　　　　　　　看到喝醉照片的反應

　　每個章節會一一介紹情緒影響我們的七大核心層面：健康、動力、決策力、團隊、溝通、文化、領導力。我們的目標不是提供一個萬用方案。畢竟這是不可能的：每個職場各有不同，每個人帶著獨一無二的背景和經驗到工作環境。相反地，我們勾勒出一個通用的框架，讓你能更加認識和詮釋，並將情緒的力量套用到不同的情況。我們在每個章節中會列出微小又實際的方法，讓你從今天就開始改變。

　　這本書獻給那些在工作中感到孤單、無聊、沮喪、不知所措，或者不安的你們。我們提供祕訣給身處在不健康環境中的你，讓你不再困惑；也讓身為管理階層的你，了解如何打造一個成功的團隊和工作文化。我們試圖讓這本書盡可能著墨在更多工作經驗談（包含遠距工作者，內向的人和少數族群），而不去針對特定的團體或者個人。我們（莉茲和莫莉）分別有不同的工作經驗和處事風格，我們都是三十歲出頭的美國白人女性。舉例來說，我們了解女性在科技上碰到的難題，但我們並

不知道非白人的你，身處在全是白人公司裡的感受。因此，在往後的章節裡，我們會在一些段落提供補充資訊，那些資訊是由他人提供更適切的見解，也為特定的職場經驗給予建議。

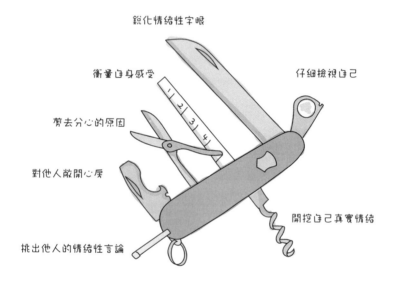

如果你曾在上台報告之前緊張到咬指甲，或是整個下午盯著同一份報告，又或者，你曾希望關閉所有開關，當個幾天的機器人，這些我們也經歷過。所以讓我們來幫你一把吧。

Liz 和 *Mollie*

備註：為了讓你將本書的技巧化為實際行動，我們建立了一份情緒傾向評估量表。在本書的第283頁提供了精簡版本，或請至lizandmollie.com/assessment網站上進行完整評估。

哈囉，我要

回 家 了

第二章

這樣工作，健康有力

對工作少一點熱情：

服用了「冷靜丸」你會比較健康

以下幾種症狀，你中了幾項？

* 十分鐘沒收工作郵件就開始焦慮
* 當朋友關心你的近況，你開始細說無關緊要的工作狀況
* 接著，你就夢見上述狀況
* 不論晚餐、運動和睡覺時間，都瘋狂地想著工作
* 你的情緒起伏幾乎完全端看工作進度

如果你的症狀幾乎「全中」，也許該服用加拿大嘻哈歌手德瑞克（Drake）的歌詞建議：「你需要放下、放下、放下、放下工作。」

過度關注工作既無意義也不健康。你可能會放大檢視每個小問題，並針對隨口說出的言論大驚小怪。這並不是領導者、女性或者處女座的人才會這樣過度檢視：任何工作中所有階層的人都可能發生。這也是為何我們討論職場情緒的第一法則是：對工作少一點熱情。

少一點熱情可以解決大大的痛苦。在上台報告重要簡報之前，你不會緊張到大口換氣。面對工作上的豬隊友，你也不會感到灰心受挫。約會之夜就把電話拋在一旁；還有，背著包包在馬丘比丘旅行的時候，也不會有工作錯失恐懼症[1]（FOMO）。

現代職場的煩惱

三度疲勞轟炸

信件如屎
一般累積

提案溝通的
痛苦深淵

聽到延期就頭痛

　　「對工作少一點熱情」不表示「不再關心工作」，而是留一點關心給自己。多留一點時間給你愛的人，去運動，或者不必帶著罪惡感去度假。同時也是提醒自己，很少有人在回顧自己生活的時候，還希望自己在辦公室待到晚上十點。

　　如果一開始沒有了解問題的根本，很難教自己如何少一點熱情。我們到底為什麼會變成工作受難者？

---

1. FOMO（Fear of missing out）意思是錯失恐懼症，你現在不必擔心錯失什麼新單字了吧！

工作七大致命壓力源

1. 我們認為成功的唯一途徑就是不停地工作。即使只是短暫與工作分離，我們也會害怕職業生涯將因此毀滅。

2. 我們相信，事業成就帶給我們幸福——不是幸福帶來事業成就。我們總告訴自己，「只要升遷，我的人生就此一帆風順」，「當我年收破百萬，一切辛苦皆值得。」

本章節會將這些信念放在顯微鏡底下檢視。我們會告訴你，即便你未來還是得超時工作，或者老闆依然全天候不斷寄信給你，這些信念甚至都會比基督教福音故事更像是一種神話迷思。

一直工作，沒有娛樂

斯克斯公司（Steelcase）是美國一間大型辦公家具製造商。1996年，他們在曼哈頓總部的辦公大廳裡，設置了一個大約4×6英尺見方的玻璃展示櫃，櫃內養著一群收穫蟻（harvester ants），公司想藉此傳達「螞蟻活著是為了工作，工作是為了活著。」

但是很不幸地，公眾對這種比喻並不買單。美國《華爾街日報》指出，因為收穫蟻的生命只有三到四個月，所以斯克斯的座右銘應該是：「工作吧，然後你就去死吧！」但其實斯克斯是對的：科技的進步模糊了個人與工作的界線。人與人之間

愈容易聯絡，代表我們愈覺得該對工作負責。

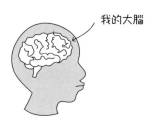

你們有些人可能正想著，等一下，這未免太黑暗了——對工作充滿熱情一點都不好嗎？當然好！在職場中可能發生的情況是，你應該帶著歉意推掉晚餐邀約，因為你要去幫你主管擦屁股。但是長期過度勞累有損你的健康——以及所謂的成功。事實上，一星期工作時間超過五十個小時之後，你的工作產出會開始下降。你可能聽過一句古老的俗話，「在工作能夠完成的時限內，工作量會一直增加，直到所有可用時間都被填滿為止。」換句話說，給自己少一點時間，反而讓你做事更有效率。

「我希望可以回到過去，告訴年輕時的那個我，『雅莉安娜，如果你懂得不只是努力工作，也懂得關機、充電、重新整理自己，你的表現會大大進步。』」這是《哈芬登郵報》（*Huffington Post*）創辦人雅莉安娜·哈芬登（Arianna Huffington）說的話。所以，該怎麼在高度壓力的工作中，讓自己的情緒抽離呢？

壓力如何影響身體

你知道嗎？單單只是預期一件易焦慮的事件發生或者處在過程裡，就足以成為壓力源了。舉例來說，莉茲在出發去機場之前的幾個星期，就開始對旅行當中可能發生的疲倦感到巨大的壓力（大排長龍的安檢隊伍、航班延遲、長途飛行）。而莫莉有時候會擔心房屋頭期款的問題，但是她離買房子的計畫根本還久得很。

壓力源會破壞體內平衡狀態；壓力反應即是你的身體試圖回到正常機制的本能。身體會快速將營養素和氧氣傳送到你的肌肉，這時你的血壓、心跳和呼吸頻率都會飆升。其他次要的機能在此時就會開始下降——例如消化、生長或者生殖。

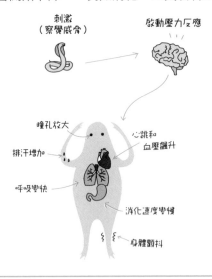

喘口氣吧

度假去：安排一段休假，可以維持身體健康和工作效率，尤其那段時間幾乎沒有和公司同事接觸。但是超過一半以上的美國人不會把有薪假用完。光想到要去遙遠的一座小島度假，收不到郵件，就很有罪惡感了。莉茲以前很怕開口請假，她擔心主管認為她在工作上一點也不可靠。主管們，你們如何看待放假這件事情是很重要的。大部分的員工都認為主管幾乎無法溝

觀光客的巴黎之旅

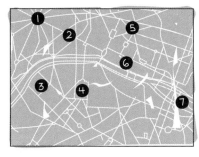

1　凱旋門
2　香榭大道
3　艾菲爾鐵塔
4　巴黎傷兵院
5　巴黎歌劇院
6　羅浮宮
7　聖母院

工作狂的巴黎之旅

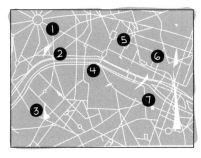

1　巴黎分公司
2　購物商場的咖啡廳
3　這裡電話收不到訊號嗎？！
4　免費網路（咖啡好喝）
5　安靜講電話的地方
6　免費網路（咖啡很難喝）
7　華麗的餐廳，讓你可以
　安撫你的夥伴

通，要不然就是負面回應，或者混著其他話題；若帶點正向鼓勵，幾乎每個人就愈會安排時間休假。那些主管非常不鼓勵你放假的朋友們，接下來的幾個段落對你很有幫助。

安排一個平日晚上休息：在週間平日的工作天，安排一個晚上好好休息，就跟去度假一樣重要——也更容易做到喔。波士頓顧問集團（Boston Consulting Group）建立了一套可預期休息（predictable time off, PTO）政策，安排六人為一組，每個人在每週平日可休息一晚。這讓員工更開心，心情更放鬆，離職率當然也降低。其中一位顧問說：「我們認真投入工作，同時我們也會關心彼此，避免有任何人工作到崩潰。」

　　平日晚上完全休息，你也能準時上床睡覺。若睡眠不足，外科醫生會在手術中滑倒，司機也會撞車。剝奪睡眠會讓我們憂鬱與焦慮；長期下來，面善的外表也會看起來像個兇神惡煞。所以如果你睡得不好，我們建議你聽聽莫莉母親的建議：「若睡眠不足，你也不能為人生做什麼決定。」

是非題：如果這算是一個真正的假期的話

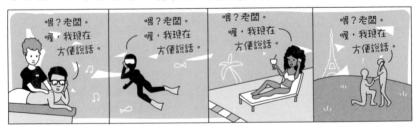

非、非、非、非：筆者

隔絕之日：莉茲每星期會安排一天的空檔，沒有會議，不接電話或者社交邀約。她在隔絕之日好好處理工作事項，所以接下來的幾天就不會那麼匆促。若你不能一整天都保持隔離狀態，可以試試看隔絕幾個小時，專心處理工作事務。

微休息：離開辦公桌，即便只有五分鐘，也能讓你喘口氣——甚至維持專注力。在丹麥有一群學生，會在考試前稍事休息，他們考出來的分數還比不休息的學生來得高。研究建議，比起孤軍奮戰，若你在工作期間和同事聊個幾分鐘，更能幫助你減輕壓力。

設定工作結束儀式：大腦若接收到「工作結束！」的訊息，對你可是很有幫助的。在這裡給你一點建議：走路或騎腳踏車回家（短時間的輕度運動對你也很好），通勤途中冥想，聽音樂，看雜誌，或者做重訓（有些研究認為重訓比有氧運動更能提振

心情）。《深度工作力》（*Deep Work*）的作者卡爾‧紐波特（Cal Newport）在每天工作結束後，會將一些零碎的筆記放到主要任務清單中，關掉電腦，念出咒語，「關閉日程表，完成！」他寫道，「這是我的規則。當我念出這個咒語後，若腦中又浮現與工作相關的事，我就會用以下思考來這麼回答自己：我已經念出工作結束的咒語了。」

　　讓自己脫離工作狂身分，最簡單的第一步就是為自己空出時間。但說總是比做容易：你花了不少時間，付出情感將自己依附在那個身分上。要完全脫離工作狂，試試以下這些思維轉換法吧。

別將工作中的邏輯延伸到休息時間

　　很多人對於善用空閒時間會抱持過度的熱情。別再陷入這種典型A型性格的圈套，強迫自己在興趣比工作花上更多工

奧莉維亞快轉三倍速在聆聽冥想課程

夫。如果你喜歡彈鋼琴,別強迫自己每天平日晚上八點準時練習半個小時,甚至因為錯過一天的練習還自責。研究顯示,當我們用數學方法來計算我們的經驗——追蹤每天走了幾步或者測量爬山的距離——我們反而不那麼享受過程了。

偶爾認真地散漫也很好。休息一段時間不代表浪費時間:當你放鬆之後再回去工作,會更專心而且靈感不斷。每隔幾個月安排一個週末去散心。星期六不安排任何家事或處理任何事情。如果你是典型的A型性格,安排一些社交活動,「准許」自己遠離工作。

在工作之餘,培養你的人際關係

「我熱愛我的工作,」美國歌手碧昂絲(Beyoncé)接受《GQ》雜誌訪問時說道,「但不僅如此:我需要工作。」我們現在覺得工作反映我們的身分,並認為工作可以給予我們意義和目標。美國《紐約時報》近期的一項調查,顯示美國人認為,「結婚」、「擁有虔誠信仰」、「當個和睦的鄰居」、「融入社區」、「交好多朋友」、「為自己保留時間」,這些都沒有「做有成就感的工作」來得重要。

愈忙碌,愈覺得自己重要。認為自己比其他懶惰的同事抗壓性更高,更效忠於公司。工作帶給我們目標,可以用讚美、加薪和升遷來給我們即時的滿足感。但若我們愈是把自己和工作畫上等號,依附於工作的情感就愈會加深。經常給自己壓

力，要表現最好的一面，到頭來，發現達不到這種不切實際的標準時，就會心力交瘁。而我們也很依賴主管的認可。只要主管稍微不認同自己的表現，就好像在否定我們的整個人生。

　　人際關係可以幫助你和你的工作在情感上保持健康的距離——讓你保持愉悅的心情。社會學家觀察人類每天情緒的波動，發現員工在週末最快樂，壓力最少。這個現象從古至今未曾改變。但是！失業的人也有同樣的情緒波動。結論顯示，讓我們開心的不僅是休假時間，而是當你的休假時間剛好配合朋友們的休假時間。換句話說，和我們在乎的人共度時光是非常開心的。身心崩潰研究權威——克莉絲汀娜・瑪斯拉克（Christina Maslach）指出，「社交網絡是每個人都有朋友守護的地方，是需要彼此的時候，彼此都在⋯⋯那是珍貴無比的能量。」

精疲力竭

精疲力竭並不是指經常性感到疲倦或厭倦。根據心理學家克莉絲汀娜・瑪斯拉克研究，精疲力竭有三種最常見的徵兆：

- 情緒崩潰：長期以來精疲力盡，睡不好也常常感冒。
- 人格分裂：對同事變得憤世嫉俗，冷酷無情。任何小事都比以前更容易激怒你（咀嚼聲、打字太大聲、拼錯字）。
- 毫無生氣：曾經覺得有趣的專案，現在看來沒什麼新鮮，開

　　始與專案脫節；你只是在會議中做例行性的提議。

精疲力竭是很嚴重的事，但是可以嘗試一些方法讓你消除這種
問題。第一個是思考讓你感到沮喪的原因，並想想怎麼去解決
這個困境。

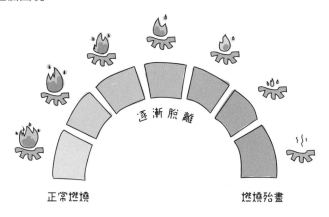

正常燃燒　　　　　　　　　　　　燃燒殆盡

如果你有一個反覆無常的主管，那你可以轉調部門嗎？如果你
在工作中從來沒得到任何認同，能不能在下一次和主管開會
時，簡單描述你的工作成就？如果被困在日復一日的例行事務
中，能不能學習新事物，開始運動，或者替自己報名以前不曾
參加過的活動？和心愛的人聊聊天，保持充足睡眠，調整心理
健康（可以空出時間走向大自然，或者冥想）也大有幫助。倘
若造成精疲力竭的根本原因，是這份工作把你弄得一團糟，也
許是該尋找新工作的時候了。

別高估自己的重要性

在你某天生病的時候，你有沒有曾經驚訝地發現，公司並沒有在你請病假的時候停止營業？你對公司而言很重要，這固然是好事，但是你的同事沒有你在旁邊幾個小時（或者幾天），通常也能過得很順利。大多數的工作場合裡，工作沒有做完的一天，也就代表沒有所謂完美的時間去度假或者回家。有太多人贊同以下的說詞，「在我的公司裡，沒有其他人可以在我休假的時候勝任我的工作。」

我不能去度假！
不然整個運作會因此大亂啦！！

別再專注自身的重要性，應多關注周圍的人。同情心可讓我們更有彈性：增進我們的免疫反應，減輕壓力，也與我們大腦的愉悅神經網絡息息相關。實現同情心的一個方法就是去問一位同事，「你有心事嗎？我能怎麼幫你呢？」當然，如果你一直把他人的需求擺在前面，最後你會感到疲倦無力，忿恨

42

不平。記得要常常衡量自己處理情緒的極限，避免同情心疲乏嘍。

跟你的手機分手吧

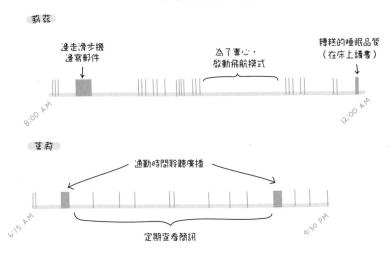

查看我們的手機

「人類真是瘋了，不停對著機器講話，發送推特，或者關注每個人。就這樣。我來這裡是尋找平和還有寧靜的，」《野獸國》（*Where the Wild Things Are*）的作者莫里斯·桑達克（Maurice Sendak）曾如此哀悼。我們可以不必那麼「關注」：我們太多人都被一連串的通知訊息給控制住，害得自己有壓力，做事分心，心情沮喪。據統計，平均每個人查看手機的次數比自己以為的還多一倍。其實，十有八九我們都被手機

綁架了，甚至還產生手機振動幻想症，這代表你曾經以為口袋裡的手機振動了……結果手機根本不在口袋裡。

冥想室的無線網路收訊還不錯喔

　　若想擁有更充沛的精力，減少使用郵件、社群網站和傳訊息的時間吧。每個叮咚聲都會讓人分心（誰傳的？他們在說什麼？），不斷來回注意手機，可是會疲倦又無法集中精神。

> 莫莉：晚餐後我盡量不查看郵件，不然睡覺會夢到工作；也不會是什麼好夢。當我真的需要專心的時候，我會將手機轉為「請勿打擾」模式。我喜歡在搭飛機或火車的時候寫作，沒有無線網路——就沒有人能透過網路打擾我！

為你的網路世界設立界線的建議：

- **郵件一次處理好。**當你開啟郵件後，就立刻回信。莉茲以前習慣在早上先閱讀所有郵件。接著準備努力工

作，她又把信件標為未讀，計畫晚一點再回信。這就表示她整個早上都在思考收件匣那些待處理的郵件，而不是專心工作。

- **如果你是主管，樹立榜樣。**電視節目編劇及製作人珊達‧萊梅斯（Shonda Rhimes）在有了小孩之後，就改了郵件的簽名檔，「請注意，晚上七點過後以及週末我不會回覆工作訊息。如果我是你的主管，我建議你：放下你的手機。」維那米克（Vynamic）顧問公司（企業的座右銘為：「人生苦短，健康工作」）的總裁丹‧克力斯塔（Dan Calista）為電子郵件建立了準則，他稱之為「休眠郵件」（zzzMail）。員工不得在平日晚上十點過後、週末及假日的時候發送郵件。

正向的矛盾

除了把時間和精力投入工作，我們常常無意識地付出更珍貴的東西——自我價值。你可能對於大幅加薪、職級高升或者很炫的新工作抱持高度期望，但你的興奮之情不會比你預期的更強烈，也不會維持更久。研究人員發現，你以為你的感受以及最後真實的感受，這種認知偏誤通常會造成你「錯誤的期待」：你努力的那個未來並沒有讓你感到快樂。美國股神華倫‧巴菲特（Warren Buffett）曾說道，「如果你為了讓履歷看

起來漂亮，卻不斷接受你不喜歡的工作，那你根本是瘋了。這就像是把做愛的機會留到七老八十吧？」

有目標很好，加薪或升遷的當下也感覺很爽。但是升遷通常不會帶來幸福快樂的日子。是時候擺脫為合理化當前慘狀而美化未來的這種不健康習慣。心理學家唐諾‧坎貝爾（Donald Campbell）寫道，「一味追求幸福就是一種不幸的生活方式。」一般人不可能常常感到幸福（或者至少是我們還沒親自經歷過）。當我們在得到比原有更多的時候，或者發現比周圍的人過得更好一點，通常會說自己很「開心」。但這些狀態並不會永久不變。另一方面，滿足感可以讓情緒更穩定。愈容易感到滿足的人，會將他們遭遇的好事以及壞事，巧妙轉換成一段得到救贖的故事：壞事會發生，好事在後頭。

　　所以，在你不那麼完美的工作生活中，該怎麼感到滿足？
在這個段落，我們來看看如何在每個當下讓自己感覺更美好。

別再覺得心情不好是壞事

　　工作會讓我們有壓力，覺得要去散播快樂和積極。很多公
司的價值和信念都明確鼓勵員工樂觀思考：

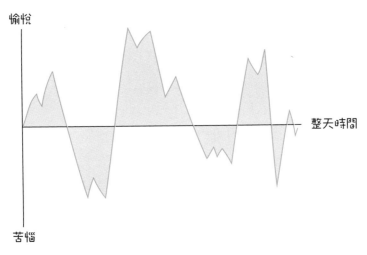

* 國際珠寶公司蒂芙尼（Tiffany & Co.）——專注正向
* 家樂氏（Kellogg's）——推動正向又充滿活力、樂
　觀、有趣的環境

　•　美國鞋類電商薩波斯（Zappos）──打造樂觀的團
　　隊，彼此都像一家人

　　展現自信的壓力實在太大。美國勞工審議委員會（National Labor Review Board）規定，雇主不得強迫員工總是得保持心情愉悅（我們猜會有一堆員工在這條規定出現後，心滿意足地不爽）。但是工作的本質即是經歷挫折，而且即使你不想要，也必須在需要你的時候展現自我。所以，若你總是感到不開心，別再自責了。你可能熟悉「笑吧，也忍吧！」這句話，但若改成一個比較好的版本，可能會是這樣：「有時候要忍，但別再勉強自己笑了。」

　　當我們試圖壓制自身的悲傷、失望或憤怒，反而更容易經歷這些情緒。曾有一項調查要求受試者評論對於一些問題的同意程度，而問題包括「我告訴自己，不該有這樣的情緒反應」，這就反映出，那些認為心情不好是壞事的人，他們的幸福感低於能夠坦然接受的人。多倫多大學助理教授布雷特·福特（Brett Ford）認為，「我們面對負面情緒的方法相當重要。能夠不帶批判去接受情緒，或者不試圖改變情緒的人，比較能順利處理自身壓力。」

　　要對自己偶爾放水的另一個理由是：抱持一點點的悲觀主義，可以讓我們走得更遠。莉茲常常說服自己最糟的事情會發生（例如：她會搞砸一場重要的客戶報告，或者考試考

莉茲：我有一位好友的妹妹去年搬到新的城市，起先感到不堪重負，相當沮喪。我那好友為了讓他的妹妹振作，開始在他們每次結束對話時，都用開心的語氣對妹妹說「開心點！」。幾個星期後，他妹妹告訴他，那句話反而讓她的心情更糟。妹妹說，「我正經歷人生的轉變，偶爾會感到難過，但是這沒關係。你別再只是要我保持開心了。」等到下次他們又說上話時，我的好友最後告訴她，「用心感受吧！」

RX 處方箋

別再覺得心情不好是壞事

壞了），這樣的焦慮讓她更努力準備。研究人員分析出策略性樂觀者與防禦性悲觀者（就像莉茲）的差別：策略性樂觀的人會設想最好的結果，試著讓它發生。而防禦性悲觀的人，會專注在可能出錯的環節，並努力去阻止問題發生。在研究當中，這兩群人表現成績差不多，除了一點，防禦性悲觀的人是勉強自己保持快樂。

你也可以嘗試一種稱之為重新評估的方法。身體去體會壓力或焦慮的反應——心跳變快、壓力賀爾蒙升高——就跟我們面對興奮的反應一樣。根據哈佛大學商學院教授艾莉森·布魯克斯（Alison Wood Brooks）的研究發現，妥善運用情緒相似之處，將壓力重新轉換為興奮之情的人（例如，壓力大的人大喊出「我好興奮」）會有較佳的表現。心理學家威廉·詹姆斯（William James）寫道，「對抗壓力最強的武器，就是轉念。」

「壓力好大」　　　　　「我好興奮」

傾訴，但不要傾瀉

心煩意亂的時候，找一個信任的同事聊聊，可以淨化心靈；當護士因為患者或醫生而感到沮喪時，在員工休息室和其他同事說說話，也能好好排解壓力。我們的一位社工朋友說，她常常向同事坦承，「我今天過得糟透了。」這樣的坦白讓她可以去討論心情不好的原因，幫助她處理內心的憤怒或傷心，避免將這些情緒投射到她的患者身上。

不過這也有可能將對方拉進你的負面情緒裡。當你總是在同樣的問題上打轉，慢性發洩，而不試著了解或解決問題，這會讓你和聆聽的人心情愈來愈糟。尤其女性可能會愈容易陷入負面情緒的漩渦，因為社會化的女性通常都用討論的方式處理問題。心理學家亞曼達・蘿絲（Amanda Rose）發現，雖然圍繞同樣問題，或者專注在負面情緒，可以加深女性之間的友誼，但是通常也會讓女性朋友感到更加焦慮或憂鬱。

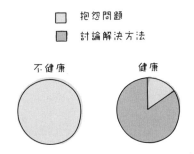

心情不好的時候，在信任的朋友圈中找到一個人可以說話固然很好，此人會毫不猶豫站在你這邊（例如你的母親、最好的朋友）。但如果你只跟這些人討論，你是在打壞自己去學習或解決問題的能力。別忘了也要和會對你說真話的朋友圈傾訴，那些人會告訴你殘酷的事實，推你一把去解決問題。

清楚了解自己需要做什麼

這個方法不是在說培養滿足感，而是斷開不必要的壓力源。不明不白總是會讓人感到不踏實。當你對自己應該做的事情產生疑惑，會因為內疚和焦慮而感到沮喪。在工作上，不明確通常會轉變為不必要。你會開始害怕工作。你會熬夜加班試著完成每件事，但得不到任何成就感或安全感。加州柏克萊大學教授摩頓・韓森（Morten Hansen）的研究顯示，有25%的人因為無法從主管身上得到任何明確指示，所以沒辦法集中注意力。

若你清楚自己工作表現不錯，你會準時下班或者休假得

更心安理得（事實上，高績效表現的人，休假時間比其他人多出一倍）。要獲得自信的第一步，就是了解老闆的優先順序。「做對的事情可能比努力工作還要重要，」虛擬網路相簿公司Flickr聯合創辦人凱特瑞納·費克（Caterina Fake）表示。

　　我們在尋求協助的時候，該如何才不會顯得自己能力不足？若你不確定發送郵件或報告草稿哪一件事情比較緊急，不要直接這樣問你主管。而是要列出一份所有重要事項的清單，依照事情的重要性來排序。把這份清單拿給主管，詢問她是否同意這樣的先後順序。你也可以說，「這是我目前手上正在進行的事項。需不需要調整先後順序呢？」（而主管們，在每一場會議或一對一談話之後，最好可以在收尾時問一句，「你今天得到所有需要的協助了嗎？」）

不明確

明確

　　避免不明確發生的另一個方法是：當有工作需求出現，永遠記得詢問：「什麼時候需要？」接著建立一份待辦清單，確保每件新增的事情都寫得明確，隨時可以核對做完與否。例如，「完成簡報」這種句子就太模糊。你應該寫「寫完簡報的大綱介紹」。

此時此地，專心致志

　　根據哈佛大學心理學家馬修·吉林斯沃斯（Matthew

Killingsworth）和丹尼爾‧吉伯特（Daniel Gilbert）的估計，我們大概只花一半的時間專注於現在。這為什麼那麼重要？無論我們手邊正在進行什麼，活在當下是我們感到最快樂的時候。吉林斯沃斯和吉伯特曾研究並觀察超過五千人，他們發現，神遊四海的心，通常都不怎麼快樂。

　　當我們的心思徘徊在過去或未來，會陷入沉思迴圈。健康地反思是指我們為了更加了解問題，而去分析問題中的特定因素，這和沉思迴圈不同。舉例來說，你為同事編輯她的草稿並寄給她，可是沒有立刻收到回覆。若掉入沉思迴圈，你心裡會認為「她一定覺得我很笨」或者「我編寫得實在爛透了」。

　　試著把心思拉回到現在，別再陷入迴圈當中。改變的第一步就是注意你的認知扭曲，或者腦海中浮現的那些暗黑想法。心理學家馬汀‧塞利格曼（Martin Seligman）認為，我們在經歷負面事件之後都習慣會有「3P」現象：

- 歸咎自己（personalization）：認為壞事會發生都是自己的錯
- 無限蔓延（pervasiveness）：認為這件壞事會毀了自己的人生
- 持續永遠（permanence）：認為這種心情（例如沮喪）會跟著自己一輩子

歸咎自己
過去行為小惡魔

無限蔓延
現在行為小惡魔

持續永遠
未來行為小惡魔

別給這三種現象出現的機會！若你覺得自己身陷在悲觀之中，轉個念吧！這裡有一些建議：

- 對於歸咎自己：不要立刻認為「是我害公司流失了客戶」，試著客觀了解事情發生的原因。不管是哪一種專案，問題的產生都可能會超出你的控制範圍。承認自己的錯誤，但不要一味地將一切問題加諸在自己身上。
- 對於無限蔓延：如果你在會議之後才發現襯衫上有個污漬，盡量不要心感焦慮。一丁點小錯誤是不太可能造成一連串的反應，到最後釀成毀滅性的災難啦。
- 對於持續永遠：總是或者絕不這種詞彙通常是你從自我反省走向自我毀滅的指標。例如說，你主管不喜歡你做的其中一頁作品。與其去想，「我不可能成為優秀的設計者」，倒不如試著想，「那並不是我最好的作品，但我繼續學習，繼續進步」。

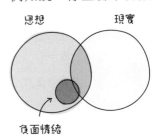

避免自己掉入沉思迴圈的另一種方法就是保持距離，也就是試著從他人的角度去看待自己的情況。問問自己，「若是我朋友，我會怎麼建議她？」這個方法可以讓你離開負面情緒的迴圈。

最後記住，你的想法很簡單：就是你的想法。承認它們的存在，但是要知道它們並不是不可避免的事實（即使感覺很真實）。

無法控制的事，放手吧！

壓力源分為兩種：你可以處理的（控制範圍內）還有你無法處理的（控制範圍外）。若因為那些可以處理的而焦慮——收件匣中尚未回覆的信件或是步步逼近的交件日期——最簡單的解決方法，就是完成讓你心感壓力的事項。美國畫家和作家沃特・安德森（Walter Anderson）曾說道，「沒有比實際行動

莉茲：當時我在籌備一場兩百人參與的活動。活動之前幾個星期，我快喘不過氣來。其中一位參與者是職涯顧問。她在電話中感受到我身處在壓力之中，她問我，「你什麼時候才會認為你萬事俱備了？」答案很明顯啊：「當然是活動順利進行。」她笑了。「你覺得你能掌控活動的全部嗎？我打賭，你能控制的事情根本不到三分之一。如果當天有講者生病了，或者外燴餐點沒送來，又或者該在戶外露台享用午餐的時候下著傾盆大雨呢？

「『萬事俱備』在你可控制範圍內，必須是一種可衡量的指標。例如，『在這週結束之前，我要把節目設計單寄給印刷公司。』『萬事俱備』並不能用『當我心情好』做為目標，因為心情的好與壞會不斷改變。」

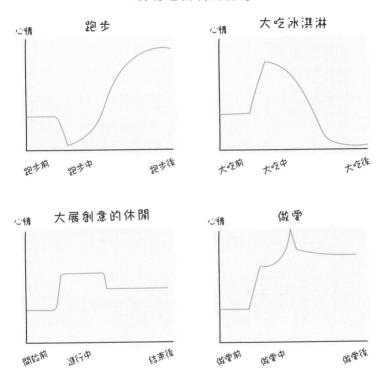

心情處理機制的效應

跑步

大吃冰淇淋

大展創意的休閒

做愛

更快消滅焦慮的方法了。」

面對那些無法控制的事，該如何不再讓自己備感壓力？首先，盡量去認清那些不可控制的事。如果你一心認為對超出控制範圍的事負有責任，你永遠也沒辦法自信滿滿說出自己已經盡力，並卸下心中大石了。

心理學家尼克‧維格諾（Nick Wignall）每天安排五到

十五分鐘的時間寫下他心中所有的焦慮。接著標出其中重點，如(1)實際問題，(2)緊急事件（兩天內須完成的事項），以及(3)控制範圍內的事。尼克不會標記假設性的擔心，例如，「下週有重要客戶來訪，若我感冒了怎麼辦？」他會標出「我忘了回覆克莉絲汀的信了」。在每個標記的問題裡，尼克會設定提醒功能來完成他接下來能做的小事（例如，「明天早上九點回覆克莉絲汀的信」）。

給你帶得走的好建議

1. 可以的話休息一下,無論去度假,休假一天,或是休息喘口氣。

2. 找時間耍廢散漫,見見朋友和家人,遠離你的電子郵件和手機。

3. 不要認為心情不好是壞事。轉個念頭,把壓力化為動力或激勵。

4. 避免陷入沉思迴圈,把腦海中的想法視為簡單的想法,而不是不可避免的真相。專注此刻,好好地處理控制範圍內的事情。

第三章

這樣工作，動機有力

鼓舞自己：

為什麼你覺得被困住了，該怎麼掙脫前進

孟克覺得心好累，想尖叫

2001年，美國電商公司百思買（Best Buy）一群主管對於人資部門宣布的新計畫抱持相當懷疑的態度。資深經理貝絲回想起來，「對於部門組員接下來的表現還有公司最終的結果，我當時其實很害怕。」新計畫是根據公司針對兩年前訂下的職場座右銘所做的內部調查。當時的員工熱烈響應一種觀念：「相信我的時間，相信我會完成我的工作，也成為更快樂的員工。」

根據當時的調查結果，公司進行一項試驗計畫，讓大約三百位的員工從行程表當中選擇自己想要的工作時間（例如：九點到五點改為八點到四點）。參與計畫的員工顯得快樂多了，擁有愈多的自由，工作也愈認真。而現在，撇開管理層面的問題，這項「只看績效的工作環境」（Results-Only Work Environment, ROWE）的計畫——讓員工「跟馬兒一樣自由奔馳」——也推廣至全公司。這項ROWE計畫有以下十三項準則：

1. 任何層級的員工不准做任何浪費時間的活動，無論是自己的時間、客戶或全公司的時間。
2. 員工可以選擇任何工作方式。
3. 每天都像星期六。
4. 只要完成工作，就有無限制的有薪假。
5. 工作不是一個目的地——而是去完成任務。
6. 下午兩點上班並不算遲到。下午兩點下班也不算早退。

7. 沒有人會討論每天工作幾個小時。

8. 每場會議皆可選擇參加與否。

9. 星期三早上去雜貨店，星期二下午看場電影，星期四下午睡個午覺，都不是問題。

10. 沒有所謂的工作時程表。

11. 沒有人有罪惡感，工作負荷大，或者壓力過重的問題。

12. 沒有十萬火急的工作。

13. 你怎麼規畫你的時間，沒有人有意見。

「可以想像我們在做什麼蠢計畫了吧，」人資專員裘迪・湯姆森（Jody Thompson）參與了ROWE這項計畫。先前提到資深經理貝絲對於計畫心存懷疑，她相當擔心：「我無法想像要怎麼讓組員做自己想做的事，或者隨意安排工作時間。這樣工作要到西元幾年才完成啊？」

你為什麼沒有動力？

動力好比「先有雞或先有蛋」這種混亂的關係。你有沒有曾經因為覺得無聊，而停下工作，還是你無聊的原因是因為停止工作？你是因為工作沒有意義才缺乏動力？還是因為你沒有動力，才覺得工作毫無意義？

若你之前研究過動力，你可能對於以下絕望的調查感到熟

悉:只有15%的人全心投入在工作裡。也就是說,大多數的我們每天去辦公室都在努力挖掘……呃……任何事的動力。但是動力不是發生一次就不見的東西。尋找每天起床並好好工作的原因,是一段充滿變動並持續進行的過程。也就是這章節要介紹職場情緒的第二法則:**鼓舞自己**。

在這個章節裡,我們要拆解你工作的所有要素(還有你的心理),用不一樣的眼光來看待。我們會介紹情緒如何產生,如何維持動力,並點出你缺乏動力的四個主要原因:(1)你無法控制你的工作;(2)你找不到做事情的意義;(3)你不再覺得職場是學習的地方;(4)你不喜歡你的同事。這些問題都很棘手,所以比起其他章節,這個章節會比較有說服力。

缺乏動力的一週天氣預報

充滿動力的一週天氣預報

你沒有自主權

美國女子合唱團體真命天女（Destiny's Child）這樣唱道，「沒有自由的感覺」。選擇為專案工作是一回事，必須為專案工作又是另一回事。有時候我們並沒有想到缺乏自由也會讓自己心情不好，所以我們總以為是別的原因。經過一連串九個實驗，對於帶來巨大影響的升遷職位，很多人希望有權力可以拒絕，而去選擇自由度較高的工作。

沒事發生的時候，如何激勵自己

泡杯咖啡

盯著帳單

來首嗨歌

讓碧昂絲激勵自己

　　當然啦，很少有工作可以讓我們做想做的事，或者自己安排時間。但若我們能為自己做更多決定，心情更好，也會更認真工作。當美國量販店龍頭沃爾瑪（Walmart）實行彈性輪班，員工自主安排上班時間，發現缺席率和流動率都下降了。回到前述的百思買。儘管ROWE計畫在初期有些疑慮[1]，但實行效果非常成功。年輕員工比較晚上班，早上可以去運動，避開人潮尖峰時段。有小孩的員工選擇早退，可以參加孩子的課後活動。員工士氣和生產力飆升，離職率降低。貝絲坦承，「我當時真是錯得可以啊！」這位資深經理當時對這項計畫的態度有所保留。實行ROWE的第一年，她的部門績效成長一倍，表現最差的員工也突飛猛進。「讓績效最差的員工擁有分配時間的自主權，創造了奇蹟。我在想，有多少『績效不佳』的人也有這樣的潛力。」

　　但如果你主管事事都要插手，或者你的公司沒辦法立刻實行ROWE計畫呢？「問問自己：『在你的範圍內，有沒有任何小事可以在明天改變？』答案幾乎都是肯定，」《動機，單純的力量》（*Drive*）作者丹尼爾‧品克（Daniel Pink）寫道。這可能有點挑戰，但是即使在受限的專業情況下，也是有機會去製造自由和激勵自我的時刻。花半小時的時間讀讀你有興趣

---

1. 在保守派的觀念下，百思買的新任執行長決定在 2013 年停止 ROWE 計畫（儘管這項計畫在三年內為百思買省下兩百二十多萬美元支出）。很多人認為，停止計畫的原因是因為領導者新上任的壓力，要營造嚴厲的形象。

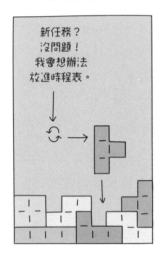

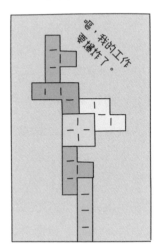

的東西。在下午的會議空檔之間，到附近散散步。揪幾個同事一起到附近咖啡店，稍稍喘口氣。「對於你的時程表，即使你沒有完全的自主權，還是可以切出一小部分時間，」丹尼爾說道，「不無小補總比沒有好。下午休息兩次，每次十到十五分鐘，對很多人來說都可行。」

動力與大腦

假設你某天完成一場簡報，你主管問你，「你為何要浪費我的時間？」（亞馬遜創始人傑夫·貝佐斯〔Jeff Bezos〕便曾經

對工程師這麼說過。）那麼等到下一次要簡報的時候，你會沒有動力，因為你大腦中的松果體——它曾經讓我們的祖先不再誤食有毒莓果類，因為它提醒祖先那味道有多難吃——減少了大腦中神經傳導物質多巴胺的含量。

多巴胺會幫助我們控制大腦獎賞和愉悅的中樞，是動力和行為的交互來源，當我們尋求獎賞，大腦會分泌多巴胺。當我們不確定是否會得到獎勵時，大腦中的多巴胺水平變化最大。例如我們玩吃角子老虎，或查收電子郵件，這些行為的結果具有不確定性，所以非常吸引我們——我們不斷來回尋求獲得遊戲的勝利，或者收到有趣回信的機會。關於俄羅斯輪盤玩家的研究發現，當玩家在有驚無險的遊戲中輸了錢，他們大腦內的多巴胺含量和在遊戲中獲得勝利的贏家是一樣的。

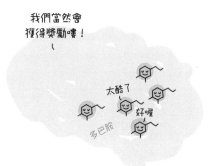

莉茲：如果你對保持動力這件事非常執著，可以為自己設立一個獎勵機制。針對單一工作（不是瀏覽網站或者郵件啦！），我培養了一種習慣。只要當我專心工作一個小時，我會隨機從號碼生產器按下一個號碼。如果生產器的結果顯示二、三、四、七（生產器的數字可以顯示從零到十），我會在那天午餐過後，犒賞自己吃一球冰淇淋（還要有餅乾！）。

如何增加自主權：

- **請主管著重在結果而非過程。**能夠自主建立工作流程的部門組員比較有動力。問問組員是否能夠順利自行

完成工作；莉茲負責的設計公司客戶常常清楚地說明
自己需要什麼又何時需要，但是會讓莉茲自行去思考
該怎麼完成。

- **專注在小小的勝利。**例如「順利回了凱特琳的信」，
所以待辦事項少一件，就足以給我們動力。哈佛大學
商學院教授泰瑞莎・艾默伯（Teresa Amabile）稱之為
過程準則：即使看似平常，但循序漸進的過程讓我們
愈來愈開心，愈加投入工作（但是提醒自己你小小的
目標也會關聯到遠大的目的；若忽視遠大的願景會消
滅動力）。

- **提出開放式問題。**美國知名設計公司IDEO的腦力激盪
會以下列做為開場，「我們有可能怎麼去……嗎？」
「怎麼」讓員工可以闡述，「有可能」也能引來更多
更好的答案，不只是單一回答，而「我們」暗示著包
容和團隊合作。

- **若你是主管，掌握工作時間。**在工作時間內能有機會
讓組員向你報告問題。與其監督他們工作，可以給他
們機會去解決問題，並在需要協助的時候伸出援手。

找不到工作的意義

電影《上班一條蟲》（*Office Space*）中的彼得說道，「不
是因為我懶惰，是因為我不在乎。」當事情沒有意義，實在

很難激勵自己去做那件事。行為經濟學家丹·艾瑞利（Dan Ariely）曾研究受試者組裝樂高玩具。艾瑞利將第一小組組好的玩具收藏好，卻在第二小組的面前摧毀他們的玩具。第一小組的受試者平均組裝11項玩具作品。第二小組只完成7項。「人人都想要有貢獻，」艾瑞利說道。「我們想要有目標感，那種感覺會影響工作本身。」

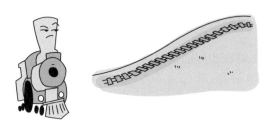

小引擎沒辦法平衡

但＊為什麼＊我要爬上山坡啊？

　　風險投資家保羅·葛拉漢（Paul Graham）寫道，「我看到有人喜歡自己做的事，而且沒有其他事情能比得上，這曾讓我百思不解。」「事實上，比起處理棘手的問題，任何人都願意在任何時刻漂流在加勒比海上，或者享受魚水之歡，又或者享受美食。」工作並不總是完全盡如人意，但如果提醒自己所做的事情可以影響他人，就有方法可以稍微忍受工作中最不討喜的部分。有一項超過兩百萬人參與的調查，社工、外科醫生

和神職人員的工作被認為最有意義，即使他們的工作內容通常不怎麼輕鬆愉快。

當你在草擬一份郵件或者清理資料匣的時候，會經常提醒自己在幫助誰嗎？了解我們工作更廣泛的層面，會提升生產力——也幫助我們度過那些苦悶的時刻。和那些從我們工作中受惠的人簡單互動交流，也會造成很大影響（Google稱之為「魔幻時刻」）。賓州大學華頓商學院教授亞當·格蘭特（Adam Grant）在大學獎學金募資服務中心，安排幾位工作人員和獎學金得主碰面。短短五分鐘的會面，工作人員知道他們的付出竟改變了獎學金得主的人生。一個月過後，比起沒有參與碰面的工作人員，那些曾與得主碰面的工作人員募得的獎學金多出了一倍。

莉茲：我最喜歡的「魔幻時刻」故事是來自繪本《野獸國》的繪本作家莫里斯·桑達克。桑達克某天收到一封來自吉米小弟弟的信，上面畫了可愛的小圖。桑達克在卡片上畫了野獸，寄回給吉米。幾個星期過後，他收到吉米的母親來信，信中寫道，「吉米太愛你的卡片了，所以吃進肚子裡啦。」「那是我聽到最高榮譽的讚美之一，」桑達克回想，「他看到我的畫，他愛死了，所以吃了下去。」

那小傢伙看起來在塑造工作

　　因為事情沒有絕對，所以我們的思維很重要——非常重要！如果你的目標是激勵自己，重新定義你對工作的看法，可以改變你如何發現工作的意義。耶魯大學教授艾美・瑞斯尼斯基（Amy Wrzesniewski）研究發現，你可以朝向你喜歡的事物，主動改變工作，這段過程稱之為工作塑造。咖啡師在早晨為客戶遞上一杯拿鐵，可以振奮對方一天的活力，圖像設計師設計的賀卡，讓無數人過個美好的生日。這兩個例子就是工作塑造。紐約地鐵系統指揮人員帕奇塔・威廉絲（Paquita Williams）認為自己在守護地鐵乘客。當電力中斷，地鐵停駛，威廉絲會行經一節節車廂，對乘客說說笑話，安撫大家。

如何從工作各個部分找到可能有意義的事：

- **跟隨樂趣。**「我對生活主要的看法，就是身旁圍繞一群風趣好玩的人，把環境打造得歡樂無比，」美國麻省理工學院媒體實驗室主管伊藤穰一（Joi Ito）寫道。當你豁然開朗的時候，寫下筆記，可以幫助你揭開工作中最有意義的部分。

- **跟主管聊聊如何進行更有趣的工作。**美國工作顧問公司Quiet Revolution學習部門的前任總監凱特・爾莉（Kate Earle），當時已有很長的時間覺得工作非常無聊，最後決定離職。凱特告訴我們，她從來沒跟主管要求進行有趣的工作內容。回想起來，當時若凱特針對工作角色和內容開放溝通，會讓她更喜歡她的工作。

- **把工作與讓人眼睛一亮的目標結合。**在美國太空梭技術公司SpaceX生產部門的一名員工被問道，「你的工作內容是什麼？」他的回答是：「我們公司的任務是要開拓火星殖民地。為了殖民火星，我們要打造重複使用的太空梭，不然人類可沒辦法一次次負擔地球和火星之間來回的交通費啊。我的工作任務就是協助設計太空梭的轉向系統，讓它可以降落在地球。等到我們太空梭發射之後，成功降落在我們大西洋的基地台上，你就知道我成功啦。」但他大可以簡單回答，

「我負責組裝零件。」

- **建立正向關係**。良好的關係可以幫助你感受到意義。可以為新進或年輕的組織成員解惑，或者籌備一場活動，讓大家認識彼此。

你不再覺得職場是學習的地方

莉茲：那天我辭掉經濟顧問的工作，走進我每天下午光顧的那間星巴克咖啡，應徵咖啡夥伴。在我決定下一步去處之前，我需要有點收入，但除了學習煮一杯卡布奇諾，我對其他事物並未抱太大期待。

與事實相反。我學到了原來星巴克咖啡每個層面都有精心設計。店內音樂和燈光會隨著時間有不同的變化。櫃內的甜點陳列也要遵循嚴苛的準則。桌子採用圓形，是為了不讓獨自前來喝咖啡的顧客感到寂寞（圓桌較不容易讓人察覺到空位）。我突然有了一堆問題：哪一項飲料的利潤最高？（星冰樂；因為幾乎都是冰塊。）門市夥伴為什麼不能搽古龍水或香水？（咖啡會吸取氣味；這也就是星巴克在 1980 年代末規定店內禁止吸菸的原因，為店內最早成立的規定。）星巴克的祕密菜單裡，最受歡迎的是哪一項商品？（Nutella 可可榛果咖啡：濃縮咖啡、熱牛奶、巧克力醬、榛果醬，並撒上焦糖顆粒。）

在星巴克上班引起我對設計的興趣，並激勵自己自學繪圖軟體 Photoshop 和 Illustrator。顧客花這麼多錢喝咖啡！但那不僅是咖啡，他們熱愛星巴克這個品牌。

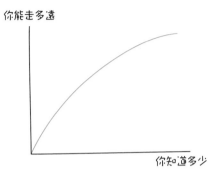

若你對工作毫無動力，是時候來點強硬的手段：你可能已經放棄學習了。

> 莫莉：前同事過去七年來，每一年都轉跑道去新的產業做新的工作。那時她過沒多久就準備離開我們公司。我問她在尋找什麼，她說，她想將所有的熱情投入到她的工作。她也承認她容易感覺無聊。我才明白，她並沒有將工作視為學習新東西的機會。如果你培養起好奇心，敞開心胸，你會在任何工作中發現有趣的事。

「學習只有一種方法，」《牧羊少年奇幻之旅》（*The Alchemist*）的作者保羅・科爾賀（Paulo Coelho）寫道，「就是付諸行動。」鞭策自己從公司、公司產品或同事身上學習新事物。如果你害怕付諸行動，也沒關係：技術的進步需要持續學習。

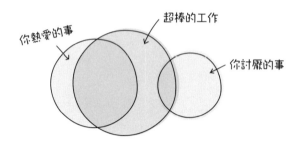

你熱愛的事　超棒的工作　你討厭的事

世界經濟論壇預測，有一半以上的孩子將來的工作目前還未存在；即使最有才華的工程師，有一天也必須面對現在尚未出現的程式語言。在現今的職場上，持續學習並非選擇——而是必需。作家賽斯・高汀（Seth Godin）解釋，「提升程度的機會大都取決於你，取決你選擇學什麼，取決你選擇從誰身上學習。」

無聊

2016 年，法德瑞克・迪斯奈德（Frédéric Desnard）告上前雇主，給他太少工作，害他很無聊，導致他嚴重憂鬱。雖然控訴遭到法院駁回，迪斯奈德認為，這對於每天上班都在倒數計時的人而言，他的指控並不瘋狂。若要選擇無所事事或者接受痛苦的電擊，一般人大概會選擇電擊自己五次吧。曾經有人實在太不想獨處，於是興起這個想法，電擊自己兩百次。

但是無聊會透過潛在的有益活動發出訊號來激勵我們。短暫的

無聊會幫助我們從神遊進入到回憶漩渦，並開始激發新的思想。當我們躺在功能性核磁造影的儀器上，等待下一步指示，大腦的記憶和想像區域會開始活躍。巴菲特和比爾‧蓋茲最廣為人知的一個習慣，就是安排時間坐下來然後思考。所以下一次如果覺得無聊，看看你的思想會帶你去哪兒！

　　邊做邊學是發現工作意義最好的方式。「跟隨熱情」這項建議是假設你知道自己的熱情所在（也可以同時輕鬆賺錢）。清楚明白自己喜歡做的事，並不是像在交友軟體中瀏覽個人檔案來尋覓自己的另一半。風險投資家保羅‧葛拉漢指出，「『保持產出』能讓你的人生如同水流，在地心引力的幫助下，找到屋頂的漏水之處。」

　　若感到焦慮，學習新事物會比單純放鬆更能減緩你的壓力。軟體程式碼公司GitHub學習發展處處長尼奇‧路斯迪格

（Niki Lustig）曾收到員工來信，該名員工使用公司資助學習發展福利，報名個人發展學習課程，信中寫道：「我把課堂中學習的東西加以發揮並寫下程式，可簡化那可怕又複雜循環的作業過程……我不知道該從哪裡向您解釋這有多炫……這會幫助部門團隊持續成長。」結果顯示，卓越的表現比金錢還更能激勵人心；棒球選手為了加入贏球的隊伍，通常都願意減薪。

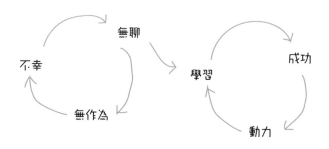

　　如果對某件事情想投入更多心力，那就付出時間和努力。這稱為IKEA效應：組裝IKEA家具的人，都願意花比較多的錢去購買可自行組裝的家具，而非現成一致的家具。他們比較珍惜自行組裝的家具，因為可以時時回想完成作品的感覺。此外，從這種表現得到的讚美聽來舒坦，能夠激勵我們愈來愈好。在投資銀行上班的員工收到相當正面的鼓勵，會比其他同儕表現得更好。

　　最後，請忘了記憶中這句諺語「老狗學不會新把戲」。學習新事物永遠不嫌晚。知名大廚茱莉雅・柴爾德（Julia Child）在三十幾歲才開始學習煮菜——早期她在準備餐點的時候，煮到最後把一隻鴨子煮到爆開——直到五十一歲才出版第一本食譜書。審視自己能夠持續發展的能力。研究顯示，如果我們認定自身能力已是既定事實（「我不擅長算術」或者「我沒有創意」），就會容易因為挫折受到打擊，也缺乏動力去努力實踐。相反地，如果認為自己能夠成長，將挑戰視為機會，加倍努力去解決難題，往往能達到更好的成就。

學習新技能的感覺

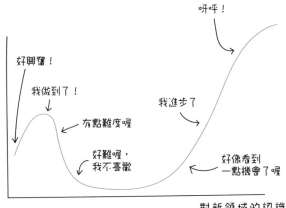

好興奮！

我做到了！

有點難度喔

好難喔，我不喜歡

呀呼！

我進步了

好像看到一點機會了喔

對新領域的認識

決定學什麼

當不知道要做什麼的時候，就會什麼也不做，我們經常這樣。要學的東西太多種了，無法招架。該從職場中遇到的技能落差下手，學習寫 Python 語言或是建立網站嗎？該為了以後著想，開始學習中文嗎？該把學習視為尋找導師的機會，再從這位最棒的導師身上學習嗎？

首先，如果你的主管願意贊助學費，要好好把握機會。通常可以利用教育培訓費的預算去參與研討會，上研究所，或者（如果你的公司允許）培養另外一項興趣。

但是決定學什麼，最好的方法就是往後退一步，思考為什麼想學習。你想要完成什麼？

- 留在原行業／原職位，精進工作內容或技術：
  - 下班之後去參與和工作相關的課程
- 轉換跑道／職業：
  - 念研究所
- 拓展生活
  - 參加當地聚會或者工作坊
- 隨時留意和工作領域相關的最新發展
  - 在公司安排午餐讀書小組聚會
  - 參加研討會

- 精進現在的工作
  - 找一位職場導師

如何運用情緒來幫助學習：

- **交換技術。**和你的同事或朋友安排時間，互相教導對方新事物。例如，莉茲曾經教她的同事使用繪圖軟體，同事也帶領她學習撰寫郵件的行銷關鍵技巧。
- **好好照顧自己。**研究發現，焦慮或憂鬱的學生是無法學習的。如果你的大腦已經因為壓力和無聊而變成一灘爛泥，試試看本書先前章節針對健康的建議。
- **尋找內部新機會。**美國西南航空（Southwest Airlines）推出一項計畫稱為「多元體驗營」，員工於某天可任意選擇想體驗的部門。這種體驗可讓員工思考他們在西南航空的職涯規畫。
- **開始發展副業。**經營副業可以培養你有別於平常職務當中不同的實力，也是學習新技能最有價值的方法之一。當莉茲想學習基本的程式撰寫，她決定先草擬架設一個簡單的個人網站。這樣的副業是獨一無二屬於你——不為任何人，你有完整的自主權。

你不喜歡跟同事一起工作

學習的選擇、意義和機會都能讓你更享受工作。但是陰雨綿綿的星期五早上，睡眠不足的我們，又被主管惹怒，研究顯示我們真正的動力不是事情，是人。在工作場合交到朋友的人，會對工作更有滿足感，比較不容易被壓力影響。「工作的動力來自我們在乎的事情，」知名企業家雪柔・桑德柏格（Sheryl Sandberg）說道，「也來自我們在乎的人。」

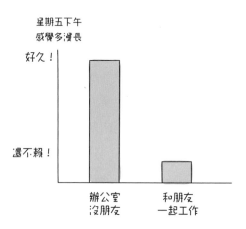

並非所有職場朋友都能滿足同樣的需求。我們歸納了三種：知己、啟蒙者以及亦敵亦友。了解這些人如何且為何與你相連，可以幫助你將合適的心靈資源投入到培養職場關係，快速激發你的動力。

知己

在你跟主管溝通不歡而散，衝去洗手間準備大哭一場，這時候職場中的知己會安慰你，在你最需要的時候，給你最誠實的答案。擁有知己，彷彿能征服全世界（或者順利完成簡報，或者終於獲得加薪）。知己也能在職場中扮演平衡的角色：在印度，女性和朋友一起參加工作訓練課程，她們的發展會比那些獨自參加的人還成功。

知己情誼里程碑

互相傳送跟工作無關的郵件

一起吃午餐的首選

等待對方，一起下班

互相羞辱彼此

遇到職場暗戀對象

下班一起喝一杯的首選

週末打發時間首選

得到新工作時，會雇用另一個人來跟你一起幹活

但是在職場上交到知己的機會愈來愈少了。在1985年，有一半的美國人在職場上會交到好朋友，但是到2004年，僅剩三分之一的人。因為我們也愈來愈常換工作，在職場上不會太用

心培養關係。「我們把同事關係視為中繼站，保持距離，打打招呼，在工作以外的地方才擁有知己，」亞當‧格蘭特解釋。要交到知己，首先要建立信任，和喜歡的同事分享故事（在很多企業文化殘酷的辦公室裡，很難交到知己。這種時候就必須仰賴和工作無關的社群網絡支持你）。或者發起一個聚會：投入社交互動的人——籌畫辦公室活動，或者邀請同事共進午餐——投入工作的程度比獨自來往的人還高出十倍。

啓蒙者

職場的啟蒙者是你對工作柏拉圖式的崇拜對象：你不想和他們相處，而是想要成為他們。這個人可以是你最欽佩的同事，或者是一位真正的導師。導師能幫助我們更滿意工作，教我們如何當一位好主管，為我們的工作職涯指點迷津。「他們會將專業領域介紹得繪聲繪影。教你怎麼從中找到有用的資源，」經濟學家及作家泰勒‧柯文（Tyler Cowen）如此建議。

莉茲：我曾不確定是否該自己開公司當顧問，而為此感到相當低潮。我當時寫信給我非常景仰的一位同事。直到現在，每當需要動力的時候，我會回頭再讀一遍她的回信：「我們最糟糕的事情就在於，勇敢踏出去之後，每天卻傻傻地用別人的標準來評斷自己的生活。如果要走出自己的路，做就對了，別再評斷。發自內心為自己爭取自身所想，這是一件很美好的事。」

在工作生涯中，我們可以擁有好幾位這樣的導師。

亦敵亦友

我們往往會選擇跟我們相似的朋友——尤其在職場上。但是當彼此共通點愈多，就愈可能互相比較。亦敵亦友，即是朋友也是工作中的標準。別為了偶爾的那一點嫉妒而有罪惡感喔！這樣的朋友在我們大半的生活圈裡占了重要地位。

馬諦斯亦敵亦友之舞

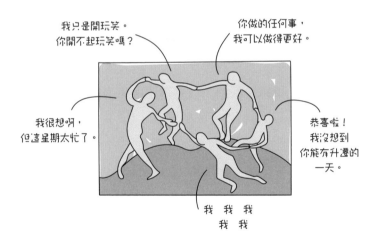

即使亦敵亦友的關係帶來不小的壓力，但也是讓我們更努力工作的動力。在顧問公司的研究中發現，有這種朋友的人，會為了成功和人脈更加努力。在重要的工作專案中，妥善運用

這種又愛又恨的正向關係；你會更努力證明自己，最後也有可能獲得一段真正的友誼。

· · · · · ·

再好的工作友誼也會有黑暗的一面。有時候跟同事太過要好，心情也會有疲倦的時候。當在工作中得到批判的反饋，或者趕著截止期限前交付工作，這時候要維繫一段我們在乎的關係，是需要一些努力。若你和曾經在新創公司工作的人聊聊，他們常常形容同事就像家人，你會聽到他們告訴你，那是一件多累人的事。在友情以外還有其他人，每一段友情皆如此。「我們常常從一段友情關係的角度，去考慮這段關係的影響——例如，這樣感覺好嗎？我有辦法融入嗎？我要露面去工作嗎？但是在同事之間友好的感情中，圈外人的情緒卻非那麼好，這會在公司造成負面的連鎖效應。」賓州大學華頓商學院博士候選人朱莉安娜·皮勒摩（Julianna Pillemer）說道。若兩個同事的感情愈好，即使他們並沒有排擠任何人，其他人還是會感到無法融入。莫莉開始上一份工作的時候，公司每個人都已經有自己的圈子。莫莉當時覺得難以親近他們，也有點尷尬。這種情況讓大家無法共享資訊；我們會向朋友尋求協助，所以當我們認為自己是外人的時候，即使應該求救，我們也可能不會開口尋求幫助。

把現實的工作關係放上網路

加同事的臉書，還是不要加，這可是個好問題。答案通常會分成兩類：分門別類以及一家親。分門別類派的人，會將私事和公事劃分得非常清楚。（「我想加你工作用的社群網路 LinkedIn，但拜託你不要追蹤我的 IG ！」）而一家親派別的人，不會區分工作和個人生活。（「我們怎麼還沒加彼此好友啦！」）

對分門別類派的人而言，很不幸地，在不傷害彼此感情之下，拒絕加入同事的社群好友，這似乎愈來愈難了；大約七成的人喜歡在臉書邀請同事為好友，而其中有一半的人認為，若忽略同事的好友邀請會有點失禮。研究也顯示，隱藏自己私人訊息的人，會給同事帶來負面印象。很抱歉，喜歡分門別類的朋友，你可能要接受同事的好友邀請。

當我們接受同事在社群網路中的好友邀請，我們很快會知道很多事（有時候還知道太多）。「社群網路讓彼此間的界線變得透明——你可以看到同事在工作以外的活動和交友關係，」朱莉安娜說道。在雙方僅是幾個月面對面隨興的相處後，有了社群網路的關係，會發現彼此的關聯和共通點，距離會更靠近。（「我們是同鄉耶！」）但也可能會分派系（「我們上同一個學校！」），或者造成不悅。假設你休息一個星期，和你的朋友到義大利的鄉下去騎腳踏車。當你在社群網路中上傳一張照

片，是你們兩人在托斯卡尼夕陽之下舉著酒杯，然後你的同事們在工作中為了專案水深火熱，他們可能會因你在啜飲美酒或小酌而覺得不爽，因為他們在加班啊。

社群網路也會讓我們對團體更加敏感，可能會感到被孤立。我們可能在 IG 上面看到兩個同事開心喝酒的照片，才知道他們原來這麼要好。這時候就容易感覺到被孤立了（「怎麼沒有揪我？」），然後隔天看到他們的時候，心情也不怎麼好。

社群網路的危險

在工作中交朋友的好處：

- **擁抱任何微小的片刻。**密西根大學教授珍·唐頓（Jane E. Dutton）發現，真誠的關係並不需要深厚或者脆弱的關係。充滿信任和互動關係當中的任何微小時刻，即是一段富有意義關係的開始。
- **避免發生孤立的狀況。**美國設計公司IDEO在建構公司部門時，將不同學科的設計師編制在內，所以每個團隊都是跨功能組合而成。而IDEO在舊金山的辦公室有個儀式稱為午茶時間，公司員工在下午三點會休息片刻，和平常沒有合作的同事聊聊天。
- **在公司活動中拓展關係。**研究顯示，公司活動不總是有效地幫助我們交朋友。亞當·格蘭特認為，「我們在交誼活動裡並不會結識太多朋友，在公司的派對中，也幾乎都和自己相近的同事相處在一塊。」要好好運用公司的活動，至少要和一位你完全不認識的同事聊天。
- **一起打發休息時間。**Google和臉書都有為員工計畫時間去玩遊戲或者一起吃飯。而LinkedIn發起帶父母來上班的活動，員工們可以認識彼此的家人。

　　回顧一下：我們可以振奮我們的動力。可以增加工作的自主權，尋找工作中更多的意義（或者無意義的工作也可以變得富有意義），將工作視為學習的地方，或者在公司交朋友。

　　不過你已經做出這些重大改變，每天仍害怕起床，我們的建議只有兩個：辭職。生命太短暫，不要把時間浪費在毫無動力的工作上（至少）八個小時。

給你帶得走的好建議

1. 增加自主權，從時程表中做出一些微小改變。
2. 工作塑造：將工作朝向你喜歡的事物調整，讓你工作起來更有意思。
3. 鼓舞自己學習新技術。懂得愈多，就愈能享受你的工作。
4. 在工作中培養友情，是讓你期待工作的其中一項原因。

第四章

這樣工作，決策有力

情緒是決策方程的一環：

好的決策有賴情緒檢視

莉茲：四年前，吉尼斯音樂傳媒公司（處於草創階段）錄取我擔任執行編輯工作。當我從「有人要用我！」的興奮中清醒，反而陷入矛盾的沮喪中。接受了這份職位，表示我必須在兩星期之內搬到紐約。那時我租了間公寓住在舊金山，我暗戀的對象也約我出去，而我也很滿意當時的工作。由於僅有三天的時間考慮，焦慮不已的我，和朋友、導師、Uber 司機或任何願意傾聽的人討論我的抉擇。還用上主修經濟學的知識，試圖模擬出各種情境，以及大肆地濫用「機會成本」一詞。如此全面詳盡的分析，最後卻什麼結論也沒有。根據我選擇的計算方式，沒有明顯較好的選項。

但我終究必須做決定，所以我轉而審視自己的感覺，雖然我的感覺違背了我學經歷中超級理性的每一根細毛。剛開始，我先想像我在西岸穩定的生活。心裡泛起些微悔意。接著，想像我接受新職務之後會發生的事：第一天上班的細節，我跟同事怎麼相處，我會毫不猶豫地吃下紐約滿街氾濫的巨大蝴蝶餅。想到此，我的心跳加快了──感到興奮、緊張、刺激。我決定接受這份新工作。

接下來的兩年，吉尼斯經歷劇烈的變化，組織重整，公司地位岌岌可危。那是一段非常艱難的時刻。團隊很努力地工作（通常用自己獨特的方式）：睡在公司，同事間彼此交換三千多字的信件，泛談我們的網站如何模仿棒球日本代表武士日本（samurai Japan），從對手 Pitch Idol 創意競賽（包含獎品）當中選出最棒的行銷文案，並成天回應網站使用者充滿各式貼圖與符號的留言。經歷種種事情，我從來沒後悔做出這個決定。

雖然我憑感覺做出這種改變人生的決定，看似很不理性，但科學研究（還有我個人經歷）指出，這種方法並不愚蠢。在這章我們會提到一連串研究發現，認為能做出最好的判斷和解決問題的方式，皆包含了情緒。事實上，若在決策過程中完全忽略情緒，反而會帶來出乎意料的不良結果。

人生的岔路

傾聽直覺是一門學問。通常我們在做決定的時候，認為理性分析直截了當，而不相信直覺。但是情緒不被信任的原因，是因為我們不懂得解譯它。這也是職場情緒第三法則要說的：**情緒是決策方程的一環**。你可能最後決定忽略情緒，但你應該要承認它的存在。在一項實驗裡，決策過程中反映出強烈情緒的人（無論好或壞），會做出最適當的投資決策——即使他們並不總是遵循直覺。相反地，他們審視自己的情緒，認真思考哪些情緒有益，並調整其餘情緒。換句話說，審視自身情緒便可以控制它們，而不是被情緒控制。

每當我們談到做決定，都會認為感受事物以及用這些情緒去做某事是同一回事：一旦我們打開閘門，就會被情緒的壓榨所擊潰。

情緒並非神祕訊號；它們是根據專業知識、經歷和快速處

理的訊息而產生（心理學家威廉・詹姆斯形容直覺為「知識感知」〔felt knowledge〕）。你有過曾經從骨子裡感覺到某事，卻無法對自己解釋的經驗嗎？這些感覺可以幫助你縮小範圍，並排出優先順序。假設你正在應徵新工作，若你想到成為一名行銷助理，就讓你覺得害怕，那你可能要從潛在的職位清單中移除這個選項。若想像自己是一名資料科學家，就感到非常興奮，那正是你該尋找相關職位的一個重要訊息。

決策的類型

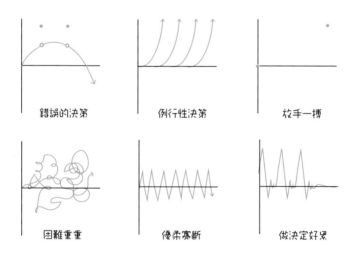

在決策過程中諮詢自身情緒的另一項重要理由是因為，嗯，你已經在運用情緒了。做出百分之百合乎邏輯的決定是不可能的事。即使你可能只是決定要不要繫安全帶，都取決於你

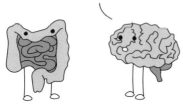

你的猜測可能跟我一樣準確

的情緒。我們可以簡單地認為「繫上安全帶是因為我想要保持安全」是一種不帶情緒判斷的決定，但是這項選擇是因為你對死亡車禍的合理恐懼。

在這一章中，我們會討論如何分析情緒，介紹相關和非相關情緒的分別，檢視你不應該讓情緒影響的重要決定，以及討論如何根據你個人的情緒傾向來做出最適合的決定。

什麼該留，什麼該捨

並非所有情緒都該平等看待。完全信賴大腦丟出的所有訊號而未加以檢視，可是非常危險的。所以，心理學家分別出相關情緒及非相關情緒。

- **相關情緒**和你面臨的抉擇直接綁在一起。例如，你正試圖決定是否該去詢問升遷一事，若不問，你會感到後悔，那就是相關情緒。這種情緒對於做決定相當有用。
- **非相關情緒**和你手上面臨的事情並不相關，但它們的觸角會緊緊纏著你的理由不放。假設今天莉茲踢到腳

趾，或者收到超速罰單。她會非常生氣，可能會在一瞬間認為她同事的想法非常爛。

分享不錯的經驗法則：留下相關情緒，捨棄不相關的情緒。做決定的時候，問問自己，「感覺怎麼樣？」貼上情緒的

莫莉：我曾多次在做決定的時候，都基於我當下的情緒（疲倦、飢餓），而不是去思考我未來會因為這個決定有什麼感覺。舉例來說，我常常很難鼓舞自己下班後跟同事去喝一杯。當同事邀請我，我都很想去。但是到了傍晚六點，我是又累又餓。這些不相關的情緒讓我想直奔回家 (1) 吃晚餐（我跟歐巴桑一樣喜歡在六點半開飯），以及 (2) 參加內向人的聚會（也就是獨處時間）。但我知道如果我接受同事邀約，我會比較開心，跟同事關係也更親密。我必須記得，別讓相關情緒（未來感到更開心）成為非相關情緒的犧牲品。

標籤，分出相關和非相關情緒。若感到焦慮，仔細想想是否是因為這項決定讓你感到焦慮，或者，你會緊張是因為待會要進行一場重要的簡報。將兩種情緒分類在不同的桶子，可以讓你的決策過程更加順利。

相關情緒

把相關情緒想成內在的導航系統。想像你做出選擇之後會發生什麼事，將那種想像標上正面或負面情緒的記號。例如，莉茲一想到搬去紐約就很興奮。這個情緒訊息表示那也許是一個不錯的選擇。

相關情緒可廣泛使用，好比我們在比較蘋果和橘子一樣。有時候我們必須從無法比較的兩件事情做抉擇（例如，我要去法學院上課，還是當一名瑜伽老師？）。在這種情況下，當你列出的勝負列表派不上用場時，你對選項的情緒反應可以協助你做決定。

相關情緒會比非相關情緒持續更久，所以如果你對同一件事情的感覺已經維持數小時或者數天，就代表那是相關情緒很明顯的指標。以下有些常見的相關情緒，以及如何檢視它們

做出適當決策的設定

<	情　緒	
嫉妒	開	⬤◯
預測	開	⬤◯
平常的衰運和憂鬱	關	◯⬤
咖啡因引發的歡樂	關	◯⬤
巨大的錯失恐懼症	開	⬤◯

的說明（有些情緒是相關也是不相關，但我們列出的通常為其一）：

預測

預測試圖傳達什麼：若一個選擇讓你覺得特別有活力或者興奮，這或許表示你應該更加重視它。也就是指，開始去追蹤你的預測是否為一個正確的指標。心理學家丹尼爾·康納曼（Daniel Kahneman）建議我們寫下決策日記：當面臨抉擇，寫下你真正希望發生的事，而為何你會渴望那樣的情境。如此一來可以幫助你評估自己的預測是否準確——並在你為未來做決定時，如何處理情緒，日記可以提供反饋。

焦慮

焦慮試圖傳達什麼：關於焦慮，有一項好消息：當兩個選項都很不錯，你在決策過程中會感到無比的焦慮。心理學家稱之為雙贏矛盾（神經科學家認為這是世界第一的神經相關問題）。我們不是在欺騙你的壓力——選擇困難就真的很困難啊——但是希望這樣的說明能讓你往好的方向去思考。

為了用有益的方式來處理焦慮，必須了解焦慮從何而來。企業主管教練賈斯汀·米蘭諾（Justin Milano）解釋說，「焦慮是對眾多恐懼的恐懼。我們為了保持對現實的認知以及安全，需要控制身旁事物，而焦慮便生根於此。」分辨恐懼和焦

焦慮滿溢的神奈川衝浪裡

慮的一個好方法為：恐懼很短暫，而焦慮會維持數天或數月。

第一步是認清自己想控制什麼。米蘭諾建議我們問自己，「你對期望、點子或結果，這些附加事項有什麼想法？想要特定的投資者？特定的客戶？特定類型的產品成效？」一旦我們找出這些附加事項，就能用更有效的方式來利用焦慮。「最合宜的方法，就是了解附加事項帶來的結果，軟化你對它的控制，並運用創造力，根據現實世界來設計新的方向，」米蘭諾說道。舉例來說，莫莉常常為了讓客戶開心而感到焦慮。她現在會主動問客戶，「我該怎麼為你們提供協助呢？」

米蘭諾設計五個問題，來幫助你發現焦慮正向你透露什麼訊息，並學習如何有效運用焦慮。

1.為何焦慮？

2. 身上何處感到焦慮？

3. 表面上的渴望是什麼？焦慮底下的渴望是什麼？

4. 當你發現你的渴望，你對此付諸行動了嗎？

5. 若有，你用創意想出來的方法步驟是什麼？

這項練習可讓你原本基於恐懼而產生的反應，轉化成基於解決問題和創造而做出反應。

後悔

後悔試圖傳達什麼：試著做出讓自己後悔程度最小的決定。心理學家丹尼爾・康納曼和阿莫斯・特沃斯基（Amos Tversky）發現，在所有的情緒裡，我們最想避免的就是後悔。「當有人問阿莫斯如何為人生做出重大抉擇，他通常回答他們，他的方法就是想像當他選擇其一，會帶來怎麼樣的後悔，並選擇後悔程度最低的決定。」麥可・路易士（Michael Lewis）在《橡皮擦計畫》（*The Undoing Project*）一書中寫道。「至於丹尼爾，他會將後悔擬人化。即使更改航班訂位能讓丹尼爾輕鬆一點，他也會堅持不改。因為丹尼爾會想像如果這樣的改變導致災難發生，他會為此感到後悔。」

雖然我們都傾向接受現狀，但研究顯示，做改變可能讓我們更開心。在一項實驗中，《蘋果橘子經濟學》（*Freakonomics*）作者史蒂芬・李維特（Steven Levitt）邀請正

> 莫莉：我常常用這種方式去做決定。在念研究所之前，我問自己，「念，或不念研究所，十年之後，我對哪個決定會比較後悔？」這對處理關係也很有幫助。我曾問朋友們，「和這個男的繼續交往或者分手，一年後，哪個決定會讓你更後悔？」這非常有用，因為這會強迫你去想像未來我們在哪，會是什麼樣子：碩士學歷有用嗎？跟這個男的在一起還會開心嗎？

面臨重大抉擇的受試者（例如辭職或分手），並用丟硬幣來決定命運。正面代表做改變。反面代表維持現狀。擲完硬幣六個月後，擲出正面的人——做出改變的人——過得比較快樂。「當我們在面臨人生重大抉擇時，都會變得格外小心。」李維特寫道。

嫉妒

嫉妒試圖傳達什麼：「我們嫉妒某人，會發現對方擁有我們想要的東西。」《過得還不錯的一年》（*The Happiness Project*）作者葛瑞琴‧魯賓（Gretchen Rubin）如此說道。「當我在思考是否從法律跑道轉向寫作，我意識到，每當我在學校雜誌讀到校友們的事蹟，對於他們在法律界的成功，我會感到一絲興味；當我讀到有人在寫作界大放異彩的故事，我便嫉妒得要死。」

　　嫉妒反映你的價值——你是否誠實面對自己。我們多半對嫉妒的情緒感到羞愧，因為它暗指對方在某件事情上做得比我們更好。研究學者譚雅・梅儂（Tanya Menon）指出，我們需要勇氣說出，「我嫉妒小珍。因為這份工作我做得沒有她那麼好。」下次在表

我嫉妒我的貓，這表示什麼？

達對方擁有的某樣東西時，別在心裡拉扯並說服自己毫無感受。承認自己的嫉妒，可能意味著你需要進步或者做出改變。

非相關情緒

　　我們不可能在情緒真空的情況下做決定。即使在影印機當中發現一枚硬幣，也能影響心情，接著影響決定。但是當我們意識到自身情緒和決定無關，就會快速對情緒打個折。避免讓

好，在回答之前先問自己，
你的不爽跟你做的決定有沒有關係

非相關情緒侵占我們的生活，最簡單的方式就是，在做決定之前先交給時間。把這想像成你在篩選不受歡迎的訪客名單。

興奮

興奮如何影響你：興奮之情會讓我們過度樂觀和衝動。感到興奮的人比較不容易生病，也容易花比較多錢（這也就是賭場為何充滿引誘刺激的燈光和嘈雜的音樂）。興奮的人也想得比較不透徹，容易受到偏見影響，對於振奮他們心情的訊息會記得更清楚。舉例來說，當你拿到一大筆績效獎金，感到興奮不已，接著你坐下來評估你的同事，你會記得更多和她相處的快樂時光。

如何中和興奮：興奮和焦慮是一體兩面。管理兩種情緒最好的方法，就是找到讓身體冷靜下來的方式。用鼻子吸氣（而不是嘴巴）可以調整情緒，或者可以快走或慢跑。

悲傷

悲傷如何影響你：悲傷的時候，會注意到杯子沒被填滿的那一半。情緒恐慌會讓我們高估壞事發生的機率。我們會為自己設定較低的期望，更可能做出可以在當下得到回饋的選擇，而不用等到明天。但是在情緒垃圾堆中感到沮喪，我們也更有可能仔細思考每個決定。這幫助甚大——就某一點而言。悲傷情緒容易讓我們不斷思考，困在分析的無限迴圈當中，導致我

未受到充分感激的事項

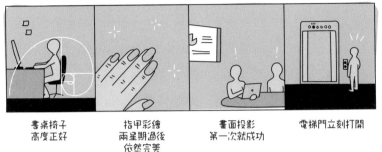

書桌椅子
高度正好

指甲彩繪
兩星期過後
依然完美

畫面投影
第一次就成功

電梯門立刻打開

們無法做出決定，因此感覺良好。

如何中和悲傷：感恩和悲傷有相反的效果。如果你沒辦法輕易處理悲傷情緒，列出三點你很感恩的事情。這可以振奮心情，寫下來並親自將這份感謝交給你從來沒說聲謝謝的那個人曾對你展現的善意。比起其他開心的干預方法，這是最簡單的方式，可以為快樂帶來很深遠又恆久的影響，這樣的好處還能維持超過一個月之久。

憤怒

憤怒如何影響你：憤怒之情會讓腦袋冒煙。我們選擇姑妄一試，而不做安全賭注，我們多半仰賴刻板印象，也比較不願去傾聽意見。如果你是股神巴菲特，你憤怒的代價就是1,000億美元。在1964年，波克夏・海瑟威（Berkshire Hathaway）是一間苦苦掙扎的紡織廠。巴菲特在當時已經是一名財力雄厚

的投資人，他知道這間公司陷入困境，但還是認為它的股價被低估了。巴菲特買進波克夏的股票後，很快地將他的股份賣給執行長謝布里・斯坦頓（Seabury Stanton），並快速賺取利潤。但當斯坦頓給巴菲特的金額比當初協議的還少，巴菲特殺紅了眼。他沒有接受眼前這一點點利潤，反而展開為期一年的收購活動，不斷買進股份，直到他有權可以解雇斯坦頓。因為這項「極其愚蠢的決定」，巴菲特接下來的二十年，把資金投入在這間快倒閉的紡織廠——在他放棄之前。若他將金錢花在更好的投資上，波克夏這間公司的價值可能會比現在高出一千億美元。

如何中和憤怒：慢下來，深呼吸，避免自己做出輕率的決定。別急著甩開周圍的建議。研究學者讓各個受試者觀看兩部影片的其中之一，之後並請他們進行心智評估的測試：第一

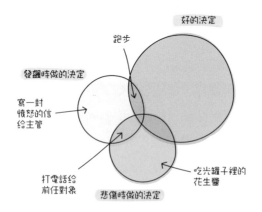

好的決定

跑步

發飆時做的決定

寫一封憤怒的信給主管

打電話給前任對象

吃光罐子裡的花生醬

悲傷時做的決定

部影片比較冷靜，內容是在大堡礁描繪魚群的國家地理頻道（National Geography）的特輯。另一部影片充滿憤怒情緒，是電影《終極保鑣》（*My Bodyguard*）的片段，內容演出年輕男子受到欺侮。觀賞第一部影片的受試者接受測驗的有效提示，幫助自己猜選作答，而觀賞第二部的受試者並不採信作答提示；觀賞《終極保鑣》的受試者，有四分之三的人直接忽略測驗的有效提示——其作答結果較差。

壓力

壓力如何影響你：壓力對於男性和女性的決策行為，似乎有不同影響。男性在脅迫之下會做出較高風險的決定，而女性會選擇風險較低的決定。

如何中和壓力：不要貿然行動！「當你感到壓力時，」心理學家泰瑞斯・賀斯頓（Therese Huston）寫道，「你通常想要很快地『從我該怎麼做』跳到『至少做點什麼』。」在多元性質的團隊中，不同性別也會指出不同的利益所在。研究學者尼可・萊特霍（Nichole Lighthall）解釋，「在做重要決定時，納入多元性別的意見會比較好，因為男性和女性的觀點不同。謹慎一些，多花一點時間做決定，通常會選出最適合的結果。」

找出你做出適當決策的路徑

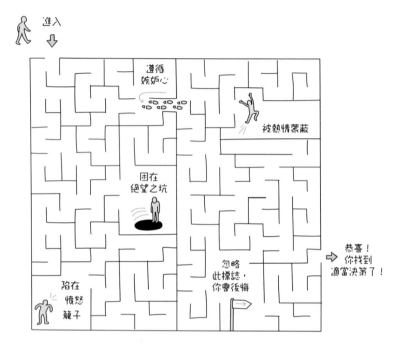

工作招募

對於我們的法則「情緒是決策方程的一環」一項最重大的警告是：永遠不要在招募的時候仰賴你的直覺。現在，情緒在面試過程中已經扮演太多角色。在法律、金融和顧問公司的應徵流程中，超過四分之三的人承認他們會依靠直覺來決定錄取

人選（「這很像約會，」一名金融界員工解釋，好像約會從來都不棘手）。我們也會太快下定論：研究顯示，面試的結果其實在前十秒鐘已經定了。當面試官開始初步評估，接下來的對話僅是用來確認先前的評估。仰賴情緒來應徵新人的問題就在於，我們最後是在錄取討我們喜歡的人。

為什麼不能錄取討我們喜歡的人呢？因為面談過程中的火花，跟這個人是否適合（甚至是否有能力）做這份工作其實沒關係。我們總會覺得跟我們相似或比較熟悉的人比較好。（「你在亞特蘭大出生？我也是耶！」）所以若我們憑感覺來雇用員工，在美國網路串流影音公司網飛（Netflix）帶領人資

既然你有：

被偏見影響的人類大腦

你可能喜歡：

這男的跟你長得好像	這男的成長家鄉離你很近	這個女生也喜歡NPR音樂頻道！	這男的講的笑話好好笑
放入購物車	放入購物車	放入購物車	放入購物車

部門十四年的人才長珮蒂・麥寇德（Patty McCord）告訴我們這就是，「喜歡，錄取，喜歡，錄取，喜歡，錄取，喜歡」。事實上，要預測面試者是否留下良好印象，最好的方式就是看看他和面試官的相似程度。在這一段裡，我們會說明為什麼在應徵過程中仰賴情緒會導致做出錯誤決定，以及該如何以工作能力來決定錄取與否。

我們對特定群體持有偏見，並引起無意和不言明的歧視，這並不是新聞。在刻板印象中那些適合男性的職場領域，女性會比較難錄取，而男性通常不會去應徵刻板印象中適合女性的職務。（曾有招募廣告試圖打破刻板印象，在文案中寫上：「想當護士，你具備男人味了嗎？」）非白人女性面臨的處境又更困難。黑人女性得不斷證明自己，在過程中承受巨大壓力，拉丁女性則頑強地冒著被同事認為她們「情緒化」或者「瘋狂」的風險。偏見塑造了自我實現的預測：如果你認為候選人不合格──你的姿態也暗示這樣的預期──你會譴責面試者不合格之處。少數族群員工的主管若帶有偏見，這些員工的表現會比由不帶偏見的主管帶領之下還來得差。黑人男性通常會感到被迫超時工作，用以抵銷黑人男性有不良職場道德的刻板印象。

很不幸地，關閉情緒是不可能的事：不管你願不願意，情緒在面試過程中會扮演一定的角色。幸好，抑制偏見的方法有很多。最好的方法就是清楚描述你的團隊在達到成功之前，目

前尚缺的工作技能，並客觀地測試該名面試者是否具備這種能力。「當你開始定義問題，你會接納更多樣的解決方法，」珮蒂・麥寇德說道。利用盲審，或將面試者的種族、性別或背景隱藏起來，能迫使面試官僅專注在工作技能上——結果也通常會錄取更多樣化的員工。管弦樂團為避免性別偏見，會要求音樂家在布簾後方演奏，這是廣為人知的故事。在實行盲選後，美國電視節目《每日秀》（*The Daily Show*）錄取更多女性和少數族群。

我們一定要錄取這位面試者！

執行一套結構式面談：開始先寫下一連串的問題，再建立量表公正地評估面試者的答案。Google的qDroid是一套內部使用的工具，讓面試者選擇他們正在尋找的職缺及工作技能，並寄給求職者工作的相關問題。例如：「講述你曾經有效帶領團隊達成目標的經驗。你用了什麼方法？」讓每位面試者回答同樣

的問題；若不將面試流程標準化，你就不能客觀比較答案了。

立刻為每一題答案打上分數，並做橫向比較。記憶力並不可靠，所以在面談結束後，你會記得時間最近，最富有情感和最有趣的答案。那也表示，若你等到面試結束後才打分數，你的判斷已經受到影響。坐下來，為面試者的答案打上分數，閱讀第一道題目，並將所有面試者的答案排序。接著再閱讀第二道題目，再針對答案排名。如此一來，可避免在同一名面試者

理論上
面試新人是最重要的事，
我會把面試視為我的首要任務

事實上
雪特！我兩分鐘後要面試新人了啦

執著太久而開始不自覺帶有偏見。你可能也會很驚訝：本來你認為表現優秀的面試者，在其中一題回答得很好，但是在整體分數加總後卻又差強人意。

　　若不把面試結構標準化，我們要給你最後的忠告。耶魯大學傑森‧丹納（Jason Dana）教授和同事讓兩組學生預測同學的成績平均積點。其中一組只能從過去成績以及現在的課程表來推斷，另一組學生可以進行面試。進行面試的那組學生的預測結果與實際結果天差地遠。更恐怖的是，大部分學生沒有注意到有些面試者故意提供一些隨機甚至荒謬的回答。

面試過程中如何避免偏見產生：

- **做好準備。**確保自己清楚了解面試者須具備哪些專業技能與特質。若你緊急被拉去面試新人（不幸地，這很常發生），請人資主管提供職缺描述，以及幾個問題範例讓你準備。
- **瀏覽時，遮住履歷上的姓名。**研究學者提供相似的履歷給企業，姓名像是白人的面試者，比姓名像是非裔美國人還多出一半的面試機會，這種現象從1989年至今都還存在。
- **工作實境測驗。**考考面試者在應徵的這項職務中可能會遇到的典型問題，或者你現在正面臨的問題。請面試者

寫下解決方法的基本概要。這樣的回答通常可讓公司來預測這名面試者在這份職務上的表現——遠比面試、教育程度和經歷還值得參考——面試官可以更容易判斷面試者的工作技能。

- **別被「連勝魔咒」影響。**面試順序甚至也能影響我們判斷面試者的能力。對於面試官而言，我們通常會以為優秀和差勁的面試者數量一致。如果我們連續碰到五位表現優異的面試者，會為了維持數量平衡，而自行假設第六位面試者可能沒有那麼好。

- **為每位面試者打出喜愛分數。**為面試者打上量化的分數，面試官更容易掌握錄取作業。

- **團體討論。**保持評估作業客觀性，並堅持小組討論一起決定錄取結果（而非個人作業）。

有效協商

職場最常需要做決定的時刻都圍繞在薪水、升遷還有專案任務指派上。在我們開始溝通協商前，總會在內部進行拉鋸戰。有時候這些內戰很直截了當（「我爸爸生病，所以我要休長假」），但有時候內戰時間拖太久，也讓人精疲力盡。（「我要申請升遷嗎？我要找誰問這些？」）我們內心的悲觀主義，可能耗損我們有效溝通的能力——或者說服自己乾脆不要溝

通。你想要求加薪，又立刻列出自己不該加薪的理由：公司目前經營遇到困境，同事也很努力工作，如果開口要求，主管會覺得被冒犯。所以事情仍舊未解。這種內在的拉扯或許代表你最初在談薪水的態度不堅定，在選擇職務拉鋸戰時又反應太快，比自信滿滿的同事拿的少一些。所以在你開始協商之前，關於你想要什麼，內心要先達成共識。

接下來，了解你的協商風格——以及你的性別或文化如何塑造你的風格。少數族群在協商薪水時，要求通常不高，女性通常會願意比男性同事接手更多專案。如果你陷入自我懷疑，設想你正在為你在乎的人談判。在一項實驗裡，為自己談判的女性提出的要求比男性少 7,000 美元。但若是為朋友協商，女性要求的金額和男性一樣。這在擬定「如果－那就」（if-then）計

莫莉：這或許是我們提供的建議中最合算的方法：如果你要求更高的薪資（無論是新鮮人起薪或現職加薪），試試看這句神奇的話：「若我任職這份工作，我不希望薪水是讓我煩惱的原因。」我曾在幾次協商新工作時講過這句話，且順利地提高起薪。你表明不希望因薪水問題而分心（例如：工作注意力分散），同時也是在聲明你和其他人認定的事實。你對自己和對方都具有同理心，他們也不希望你因為薪水而心有旁騖。

畫也許有幫助：「如果另一家公司給的薪資比我要求的少，那我會重申我的理由，並詢問是否提供薪資以外的福利。」

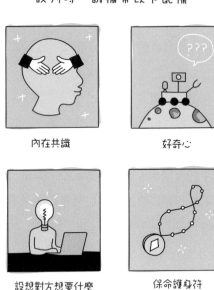

談判時，請攜帶以下配備

內在共識　　　　　好奇心

設想對方想要什麼　　保命護身符

做好決策的清單

清單可保命：機長和外科醫生使用清單，確保沒有疏忽任何重要步驟，減少意外發生、疾病感染率和死亡率。在這一節，我們提供一份「整理思緒」清單。我們沒辦法擬出一份適

用任何特殊決定的完美清單，但是確認一些基本問題，能避免你犯下一些簡單的錯誤。

首先，會在心裡反省自己所有愚蠢決定而進行睡前儀式的各位，仔細聽好：人生充滿不確定。即使走在正確的路上，你還是有可能出錯。你可以準確預測硬幣出現正反面的機率相等，但你永遠沒辦法保證硬幣會翻到正面。所以，若事情不完美，別為難自己。

遲疑不決的危機

我以為搜尋GOOGLE有用	我應該做點事，而不是窮擔心	默默陷入後悔	聆聽我說話的人很困擾	最糟的奇怪情況
$200	$200	$200	$200	$200
$400	$400	$400	$400	$400
$600	$600	$600	$600	$600
$800	$800	$800	$800	$800
$1,000	$1,000	$1,000	$1,000	$1,000

☑**寫出你的選項**。如果你只寫出兩項，花點時間思考是否能再引出另一項選擇。選擇並不總是二選一。如果限制自己只能選對或錯，A或B，你的賭注成本會比實際情

況還高。所以如果你列出「留在現職」以及「接受新工作」，想想看能不能增加你的選項，例如新增「留在現職，並要求升遷。」

☑ **列出你所有的感受。**你很憤怒？害怕？迫切渴望咖啡因？

☑ **調整或中和每一種非相關情緒。**

☑ **將相關情緒與選項串聯起來。**注意每種相關情緒是否對應每一個選項。想像自己選擇了A，你會興奮嗎？選擇了B，你會害怕自己將來後悔嗎？

☑ **問原因，而非找理由。**比較一下，「為什麼害怕？」和「你在害怕什麼？」你可以輕鬆回答第一個問題（「因為我沒有嘗試過新事物」），但是第二個問題會促使你描述你手中決定的具體感受。「找理由，會限制我們；思考原因，會幫助我們看見自己的潛力。找理由，會激起我們的負面情緒；思考原因，會讓我們保持好奇心，」心理學家塔莎·尤瑞奇（Tasha Eurich）寫道。

☑ **想清楚你的決策傾向。**以下哪則敘述最適合形容你？

1. 在做決定之前，你喜歡蒐集和決定相關的資訊。即使找到符合需求的資訊，你還是會繼續尋找，以防萬一。你想要做出最好的選擇。

2. 對於自己想要什麼，你已經有個底，而只要你找到適

合的選擇，你會決定並繼續往前走。你心想，「這樣
夠了。」

若你選擇1，你是一個最大化者。選擇2，你是一個滿足
者。滿足者通常對於最後決定會感到比較開心，即使最大化者
最後選擇一個較客觀的決定。例如，最大化者傾向尋找薪水較
高的工作，但是他們比較不滿意自己的選擇，因為在幾經複雜
和沒有定論、反覆質疑的思考時，他們會倍感壓力。

最大化者的決策過程

如果你是最大化者，下列幾個方法能幫助你走出困境：

- **縮小拉鋸戰式的選擇風格：**
  - 將選項平均分為兩類（假如你有六個選項，可以
    三三分類）。
  - 在兩類當中選出最好的選項。

- 將通過初選的項目放入新的類別。
  - 再從這些不錯的選項中選出最好的決定。
- **果斷限制考慮的選項數量。**假如你正在決定午餐吃什麼，告訴自己先選出三個，而不是三十個選項。《只想買條牛仔褲：選擇的弔詭》（The Paradox of Choice）作者貝瑞·史瓦茲（Barry Schwartz）建議我們，「『這樣夠了』通常就表示足夠了。」
- **別急著做最後決定。**在兩個選項當中來回不定也非壞事。當面臨一個新的決定，你的焦慮和猶豫不定，也許是大腦在讓你慢下來，有足夠的時間能更準確地衡量每一個決定的好壞。

最大化者的同情心卡片

你必須從很酷的事情當中選出那個最酷的　　正如你對下一個最佳選擇的想法一樣　　優柔寡斷的時候

☑ **和其他人聊聊你的想法。**和導師、同事或朋友散步聊聊你的決定。把決策過程說出來，有助於你統整蒐集來的資訊。另一個人則可以協助你審視可能影響你做決定的偏見。

在做決定之前，量個情緒體溫吧

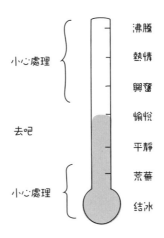

☑ **做決定。**完成上述步驟後，你應該可以移除一些選項了，更有信心能選出最佳決定。好消息是，研究顯示我們的心也很努力幫助我們對決定感到滿意——即使事情的實際發展與我們期望的不一樣。

給你帶得走的好建議

1. 清楚了解傾聽你的感受，和因為感受有所反應是不一樣的事。

2. 保留相關情緒（和決策有直接相關的情緒）；丟掉非相關情緒（和決策無關的情緒）。

3. 在面試過程中不要仰賴情緒做決定。善用結構式面談，避免主觀偏差影響錄取決定。

4. 進行外部溝通之前，內心先達成共識。

第五章

這樣工作，團隊有力

心理安全第一：

為什麼用對方法比處理人還重要

如果我自己來，團隊合作會運作得更順利。

我的提議到底是好還是蠢得要命？我們的朋友萊拉問自己，在會議進行到一半，她的手心開始冒汗。如果我說話了，他們會發現我根本是詐騙集團嗎？

萊拉在那個團隊才待了兩星期。她不太了解她的兩位新夥伴，但他們看起來似乎都不好惹。卡爾常常打斷萊拉說話，安娜在回答問題的時候也常常奉送一個白眼。萊拉很擔心他們覺得她一無是處。

在會議即將結束，經過五分鐘（又或者十分鐘？）的內部辯論，萊拉放手一搏。在她表示自己的看法後，安娜眉毛一挑。萊拉漸漸退縮，頓時開始感到自我厭惡。安娜要翻白眼了。但是安娜緩緩點頭。「這提議滿酷的，」安娜若有所思，語氣聽來樂觀。卡爾也隨之附和。「對呀，這提議不錯！」萊拉卸下心中大石（在經過一連串的情緒鞭打之後），很快地露出微笑。她的主意竟然還不錯呢。

「我為什麼這麼懷疑自己？」萊拉和我們在舊金山喝一杯時，如此感嘆道。她盯著眼前的半杯啤酒。

順著這個故事，讓我們為你介紹職場情緒的第四項法則：**心理安全第一**。在這一章，我們會告訴你如何建立一個團隊，讓成員們安心給建議，勇敢嘗試，並提出問題。我們會介紹成功團隊處理不同衝突的方法。最後，我們會審視如何和三種特別糟糕的同事相處：混蛋、唱反調的人與擺爛人。

心理安全第一

好的團隊需要具備什麼？在回答之前，先看看由亞歷史泰・薛佛德（Alistair Shepherd）進行的一項簡單實驗。在商學院舉辦的創意競賽初期，亞歷史泰問起參賽者一連串由交友軟體OKCupid發想而來的問題。想一想「你喜歡恐怖片嗎？」和「寫錯字會讓你很困擾嗎？」根據每個答案，亞歷史泰準確地預測八組團隊的排名──他不知道參賽者的資質、經歷和領導能力。那他怎麼辦到的？答案必然和每個成員如何感受有關。

　　Google也在2012年發現同樣難以捉摸的情感因素。當時一群研究學者分析近兩百個團隊，找出隊伍成功及失敗的原因。結果令人驚訝：每個成員在公司的任期、資歷和外向性格並不影響團隊表現。「我們蒐集很多資料，但是並沒有顯示特定的個性、技能或背景會影響到團隊表現，」Google人類行為分析部門的經理亞比爾‧杜比（Abeer Dubey）回想當時。「你是『誰』在團隊中似乎不重要。」重要的是「如何做事」：表現優異的團隊，團員彼此都很尊重他人的想法。這些團隊成員都感到**心理安全**：認為自己在團隊裡可以提出想法、承認錯誤、勇於冒險，一點也不覺得丟臉。要確認一個團隊有沒有心理安全，請見我們第283頁精簡版的情緒傾向評估問卷。

　　成功需要心理安全。在Google公司裡，**擁有高度心理安全**的成員離職率較低，並可為公司帶進更多收益，通常高階主管也認為他們的效能多出一倍。美國麻省理工學院的研究學者分析團隊表現，也帶來同樣的結論：把一群聰明的人聚在一起，並不能保證他們可以是一組聰明的團隊。無論工作場合或私底下，表現最好的團隊常常討論想法，不會讓同一個人主導整場溝通過程，也對於他人的感受較為敏感。亞歷史泰‧薛佛德當時會問關於恐怖電影和拼錯字的問題，是因為他在尋找團隊當中對於不同面向的容忍程度。萊拉會這麼擔心發表言論，因為她缺乏心理安全感。

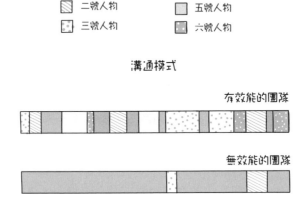

每個人都會犯錯。就好比莫莉坦承自己犯錯，而莉茲的回應卻讓莫莉感到比自己做錯事還要糟。等到下次莫莉需要幫忙，她可能什麼話也不說，即使保持沉默在長期之下帶來的後果比被莉茲羞辱還更糟。這種動態因素現今仍存在，即使在醫療領域，犯錯可能還會致命。在一場模擬實驗裡，一群醫生和護士被要求診斷一個「生病的」假人。每個小組隨機指派一位專家，有的專家會輕視這些成員「待不了一星期」，或者保持中立地對待成員。結果呢？「很可怕，」研究領導人表示。被輕視對待的小組犯了可怕的錯誤：他們誤診病患，沒有提供病患適當的復甦術或者佩戴呼吸器，還開了錯誤的處方。

在建立多元的團隊時，心理安全更加重要。只要有心理安全，就能帶給擁有不同背景的成員明確且富有意義的好處。

你能不能別再認為我的問題是小學程度？

原因很簡單。假設你的團隊裡有一位行銷分析師和九位工程師。這名分析師在發表言論前會三思，因為他怕被這群工程師圍攻。若今天工作時感到安心，分析師會將自己的獨特視為技能，而不是阻礙。團隊裡每個成員都擅長其他人不擅長的事。這就是團隊存在的原因：你需要不只一位成員提供想法和技能以解決問題。若你不讓大家發表言論，或在他們發表的時候覺得他們愚蠢，你只是在限制你的團隊創造奇蹟的機會。

心理安全也能幫助你的團隊神來一筆，爆發創意，當成員很快地將他人的想法加工一下，整間會議室頓時就充滿了創造力。「神來一筆」是無效能和無腦會議的相反詞：有創造力的團隊常常神來一筆，成員自在又快速地想出主意。但是——這是個重要的但是——團隊需要心理安全的基礎，小組討論才不

心理安全標示

會因為意外而造成中斷，這通常是因為成員用了發射機關槍的方式在提供想法。一間公司的高階主管曾寫道，Uber的有毒文化就在於支持「踩別人腳趾」，「太常被混蛋當成藉口」。電視節目《透明家庭》（*Transparent*）原創人吉兒‧索洛威（Jill Soloway）解釋道：「你想要聽到一大堆不同的意見，又不想陷入爭論之中。你想要人們構思編劇時有創意地『放屎』，但真實生活又不需要。」在下一小節，我們將介紹如何不陷入爭論之中，又保留所有神來一筆的優點。

　　很不幸的是，你沒辦法常常為團隊建立心理安全感。殘酷

的公司重視的是虛張聲勢和咆哮，擁有這些特質通常不會成為優秀的團隊成員。或者，你可能與同事共事幾年，他們在鼓勵競爭的環境下得到個人獎勵。我們一個朋友在就讀知名的研究所第一年後，他學會了說，「你當然熟悉某某工作啊。」他的用詞並沒有因為沒說不，而讓人感到心安。如果你待在心裡相當沒有安全感的團隊，要好好照顧自己的心理，專注在你可以控制的事情上。因為「你可以控制的事」會根據你的角色有所不同。我們列出以下要點，讓你看看在你個人情況，以及你是領導者的時候能做什麼。

個人如何建立心理安全的工作環境：

- **鼓勵開放式討論**。有些問題例如「大家覺得如何呀？」或者「有人不同意嗎？」並不能有效引出反對意見。尤其當團隊裡有比較內向的人，讓每個成員寫下他們的想法，接著再一一大方分享。也別忘了後續追蹤問題。IDEO前任合夥人羅西・紀凡奇（Roshi Givechi）曾說道：「我發現，無論你什麼時候提問，第一個得到的回覆通常不是答案。」羅西要求成員「再多描述一點」，接著會在對方建立「完整思考的框架」之後，才給予建議。
- **提議爛想法的腦力激盪**。讓團隊成員有目的性地拋出

荒謬的主意，或者請他們想想最爛的提議。這樣的活動可以拋開壓力，讓成員帶著傻勁去冒險。

- **提出可釐清的問題（讓其他人來做也可以）**。當有成員使用縮寫或者行話時，請他們解釋清楚（你自己也可避免這樣使用）。雖然你可能一開始會擔心提出這種澄清問題的要求會被怎麼看待，但你要記得，你在為其他人設立榜樣，如此大家便能一起提升心理安全。

- **使用能促進產出的句子**。如果有人提出有趣的點子，你可以回答，「我們試試看吧！」如果你喜歡某人提出的想法，你可以說，「藉由這個想法我們可以……」或者借用一下世界即興表演（The World of Improv）的方法，將「對，我們可以……」變成你的口號。

領導者如何建立心理安全：

- **建立團隊協議**。在會議或專案開始時，寫下成員該如何對待彼此的基本規則。把這張規則清單放在看得見的地方（例如貼在牆上）。規則範例：假設結果是好的；信任彼此；活在當下。

- **詢問團隊該怎麼提供協助**。不要認為成員有責任告訴

你他們的心裡缺乏安全感──他們也不會說。身為領導者，該由你來開啟這段對話。詢問每一位成員，「我該做些什麼，才能讓這個團隊勇敢放心地去冒險？」

- **活動與溝通取得平衡。** 虛擬貨幣公司Coinbase的產品經理拜恩（B. Byrne）寫出以下的對照比喻：每一段關係，無論是工作還是個人，就像在建立一座冰棒的高塔。你的經歷（例如，一起吃飯，一起合作同一案件，或者共同撰寫文章）就是冰棒的棍子，溝通則好比膠質。如果你們一起做事，卻從不花時間討論彼此的感受或需求，由冰棒的棍子建立起一座高塔，最後還是會倒塌。但如果你過度分析每一個互動，不往後退一步，享受彼此的陪伴，這座高塔就像是有過多的膠質，沉甸甸的，最後自己融成一團。

- **提出可讓現況層級更進階的問題。** 美國投資管理公司貝萊德（BlackRock）在開始溝通時會使用許多破冰方法。其中之一是將成員分為兩兩一組（比起一整屋子的人，我們對單一對象談話比較容易有信任感）並立即回答，「想起童年，你會想到什麼食物，為什麼？」這種卸下武裝的問題，讓人在接下來的溝通階段願意揭露更多。「沒有人只是單純回答披薩，」管理經理強納森・邁可布萊德（Jonathan McBride）解

釋。「他們會告訴你家人的故事、文化和成長經歷，
每星期和父母或祖父母進行他們的傳統活動。你聽到
的答案會像是，『我和家人每週日會一起烤披薩，全
家人一起準備這頓飯。』即便你在討論的是食物，你
得到的答案卻包含對方的人生和家人，這通常是不會
在五分鐘的談話中提到的內容。」

怎麼面對肯定會有的紛爭

電影製作人達瑞爾・薩努克（Darryl Zanuck）曾寫道，
「若兩個做同樣工作的男人總是同意對方的想法，那麼其中一
個絕對沒什麼用處。若這兩個男人時常意見相左，那兩個都沒

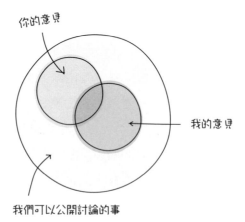

心理安全

你的意見

我的意見

我們可以公開討論的事

什麼用。」最好的方法是，爭論引發了突破。電影《玩具總動員》（*Toy Story*）的兩位原創人在初期不斷爭吵，導致電影出現兩個關鍵的變化：原來的機器鼓手被一個會空手道的太空玩具給取代了，也就是深受歡迎的巴斯光年，而原來笨笨的腹語術玩偶，也被改成一個拉了繩子就會說話的牛仔玩偶胡迪。

當然，紛爭也讓人沮喪，讓我們倦怠，或「憤而退出」（我們朋友創造的詞）。失去管理的紛爭，會導致腦袋短路。當我們陷入意見分歧或者不理不睬時，團體能得到的意見愈少而且愈糟，甚至比單獨作業還來得糟。

在這一小節裡，我們會討論如何在你陷入紛爭的時候，保護好心理安全。你必須學著引領兩種紛爭：工作紛爭（創意點子的衝突）以及關係紛爭（個性引發的爭論）。工作和關係紛

	我喜歡你	我討厭你
我喜歡你的想法	沒有紛爭	關係紛爭
我討厭你的想法	工作紛爭	結下梁子

爭通常也都互有關聯：人們很難不因為意見相左而憤怒。

工作紛爭

　　我們這兩個作者因為想法不同也免不了產生衝突：在撰寫本書期間，我們常常不對盤。莫莉喜歡快速寫出草稿，並寄給我們的編輯以求立即得到回覆；莉茲喜歡慢慢著墨，將潤飾過後的版本寄給編輯。時間久了，我們發現這種不同還真是有用──莉茲可確定我們不會寄個四不像的章節出去，莫莉也能避免莉茲使用太多語法。我們學著找到這種健康的緊張關係，討論我們為何要或者為何不認為應該交出某章節（但我們偶爾也會踩到彼此的腳趾啦！）。

　　當然要給你一點希望嘍！團隊可以建立架構，鼓勵成員在工作紛爭中仍維持工作效率。美國動畫製作公司皮克斯（Pixar）在每天晨會（檢討電影製作）時，動畫師會看彼此完成的部分分鏡，並要求編輯角色的動作、身體或臉部表情。他們鼓勵參與者針對鏡頭畫面給予意見，而不是針對動畫師；動畫電影《腦筋急轉彎》（*Inside Out*）得到的意見包括，「瞳孔形狀要有變化」以及「腳趾頭再多強調一點」。每天早會的核心準則為：「你不應該把事情變成『你的事』──你應該把事情變得『更好』，」皮克斯動畫師維克多・納弗尼（Victor Navone）寫道。當團隊花點時間討論每位成員的好壞建議，他們能做出較好的決定。

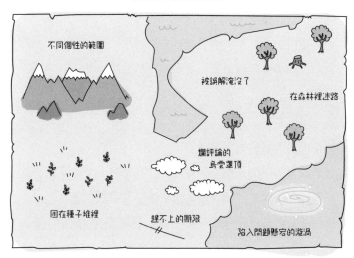

團隊障礙的路線圖

不同個性的範圍

被誤解淹沒了

在森林裡迷路

爛評論的烏雲罩頂

困在種子堆裡

趕不上的期限

陷入問題懸宕的漩渦

如何與你共事的使用者手冊

控制潛在紛爭最好的方法就是預先建立架構，這有助於我們溝通偏好和工作風格。《紐約時報》專欄作家亞當・布萊恩（Adam Bryant）訪問過多位執行長，他創作了「使用者手冊」或稱「如何跟我一起工作」指南，讓合作進行更順暢。為了讓你的團隊也達到同樣的目標，亞當建議你空下一個小時，回答以下問題。在理想狀態下，邀請一位中立的協商者一同協調討論。

大家應該了解你哪些事：

1. 關於你的未經修飾加工的實情是什麼？

2. 你的地雷是什麼？

3. 你有什麼怪癖？

4. 你最重視和你共事的人具備什麼特質？

5. 當別人誤會你什麼事情，你會想要澄清？

怎麼與你共事：

1. 和你溝通最好的方式是什麼？

2. 我們共事的時間是幾點到幾點？該在哪裡，怎麼進行合作？
   （同一個空間，要開什麼會議，要分享什麼檔案？）

3. 這個團隊的目標是什麼？我們對這個團隊關切的是什麼？

4. 怎麼做決策？什麼樣的決策需要達成共識？如何處理紛爭？

5. 我們想要如何給予並得到回饋？（一對一面談、小組討論、
   隨興聊聊，或每週特定時間開會──像每週回顧一樣？）

莫莉和莉茲針對第一題的答案為：

▫ 莫莉：我很慢熟。當你漸漸認識我，你會發現我是一個很溫
   暖、大方甚至傻傻的人。但在一開始你會覺得我很保守又嚴
   謹。認識我，要有一點耐心。

▫ 莉茲：工作的時候我喜歡一個人。之前我在經濟顧問公司上
   班，我做了一份名為 DISC 的性向測驗，測驗顯示跟我工作
   最好的方式就是「簡短扼要，坦率磊落，然後消失閃邊」。
   這太準了……對於那些喜歡寫信和傳訊息的人，我的行為就

像是反社會人格，但我不是故意這樣做。若時時刻刻被盯著，我會無法集中精神——認知轉換會導致生產力下降。

安排時間審閱成員的答案。在一開始建立架構，確認每個人的工作風格總是好事。若覺得事情進行順利，你永遠可以取消預定好的會議。

關係紛爭

回到我們倆對於要不要交稿給編輯的紛爭。如果當時莉茲對莫莉說，「把這章節寄給編輯，這念頭太蠢了吧。」而莫莉回答，「你永遠都不認真看待我的建議。」我們一開始的工作紛爭會轉變成關係紛爭（那就揮手跟心理安全說聲再會吧）。再多的時間、才能或金錢，也沒辦法把你從關係紛爭拯救出來。現代文化充斥很多例子，個人之間的仇恨最後暴露在鎂光燈前。廣為人知的例子是美國老鷹合唱團（Eagles）其中一名成員告訴另一成員，「再唱三首歌我就要踹你屁股」——此後該樂團十年來再也沒一起表演過。美國喜劇《歡樂單身派對》的演員團隊認為飾演喬治未婚妻蘇珊·羅絲的女演員海蒂·斯威德貝（Heidi Swedberg）很難搞，後來說服編劇賴瑞·大衛（Larry David）讓海蒂下戲去領便當。

把一段關係紛爭詮釋成彼此的差異性很明顯地無法相容，

是一件很容易的事，但也很容易透過互相聆聽來解決。舉例來說，你可能是個尋釁者（喜歡爭論）或者避事者（你寧願吞下子彈也不願處理紛爭）。當尋釁者又陷入紛爭的老習慣，這兩種人會產生問題，尋釁者利用勝人一籌的技能來測試想法（例如：「你認為……如何」，「這建議根本沒道理」，或僅是「你錯了」）。為避免傷害尋釁者和避事者的感受，先討論每一個人的溝通風格，再決定團隊該如何面對紛爭。可以直接或積極地戳破他人的想法嗎，還是要拐個彎給予批評？在你無法迴避這兩種人的紛爭時，避事者要記得，尋釁者的評語是對事不對人。尋釁者也該提醒自己，這種爭吵式的辯論可能會讓他人不再給予任何回應。

當團隊發生紛爭，查證確認可維持心理安全（你可以將所有紛爭重新定義為查證確認的奮鬥戰）。唯有在尚未建立互

充滿情緒小宇宙的團隊合作

尋找紛爭　　兩天後要去度假啦　　對批評感到沮喪　　避免紛爭　　對大家的情緒感到厭倦

相尊重的情況下，意見相左才會傷害感情。從現在起，如果你要說些什麼，就讓它（輕輕地）撕破臉吧！在給予誠實的意見時，「你擔心對方會因此生氣或心懷報復，」《徹底坦率》（*Radical Candor*）作者金·史考特（Kim Scott）寫道。「但他們對於有機會能討論問題，其實心懷感激。」另一方面，最不尊重他人的行為則是視對方如無物——查證確認會讓大家被看見。我們在第六章會討論更多關於這些困難談話的內容。認知到你不同意的人也是人，他也有相同的需要。Google事業處總經理保羅·桑塔格塔（Paul Santagata）帶領團隊體驗一項名為「就和我一樣」（Just Like Me）的活動，他要求團隊成員在爭吵時，記住以下觀點：

- 這個人也有信仰、觀點和意見，就和我一樣。
- 這個人也心懷希望，心存焦慮，也有脆弱的時候，就和我一樣。
- 這個人希望得到尊重，得到感激，也得到成就，就和我一樣。

　　若你試著談話，也提供查證確認，但是同事還是惹你抓狂？最好的方法就是什麼也別做。別再重複討論。這只會讓你陷入無限迴圈的風險，讓兩人的關係更加惡化。你最好深呼吸，了解這個衝突朝著你不希望的方向演變。好好看待某些程

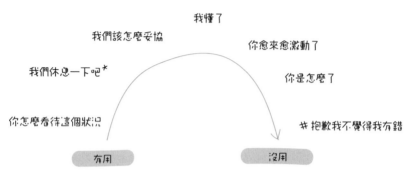

爭吵時該說什麼

我懂了

我們該怎麼妥協

你愈來愈激動了

我們休息一下吧*

你是怎麼了

你怎麼看待這個狀況

＃抱歉我不覺得我有錯

有用　　　　　　　　沒用

＊這點很管用，除非你是在約會談戀愛中

度的混亂和衝突也是一個過程，對同事的注意力再少一點，多
關注自己做的事。

最後一個關於紛爭的建議是：我們很討厭建議別人「別帶
著怒氣去睡覺」。就帶著生氣去睡覺啊！像是嫉妒、怨恨、憤
怒或沮喪，這些情緒會扭曲你對現實的看法。很少有紛爭可以
立刻解決。休息一下吧，待會再討論啦。

怎麼進行一場好的紛爭：

- **保持好奇**。如果有人覺得你在指責他們，你就成了敵
  人，他們會開始防禦你。相反地，尋找他們認為意見
  相左的根本原因。問問他們，「聽起來現在有很多原

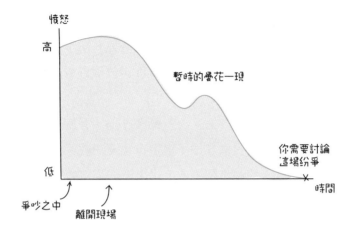

因，或許我們一起揭露這些原因？」接著詢問解決方法：「大家覺得現在該怎麼解決呢？」

* **打預防針**。在專案以外的時間保留半小時，讓成員列出他們擔心會出錯的事項。如此一來可以讓團體完全了解潛在的風險。「小組之間可能有人已經討論過這些問題，但是尚未公開、弄清楚或反覆討論個夠，」Google X事業處總經理亞斯托・泰勒（Astro Teller）寫道。「通常是因為這些問題可能讓自己被視為掃興者或者不忠誠的人。」

* **進行檢討**。在專案進行（或任一階段）中發生紛爭，應在完成工作後安排一段時間，思考紛爭產生的原因。召集團隊一起分享更好的處理方法並探討原因——思考未來該怎麼避免這類問題。

- **了解偏見**。若你和不同族群的人一起合作，研究顯示最大的問題可能是團隊成員感覺會有紛爭發生。當團隊鼓勵大家保持平等，成員就比較不會做出懷有成見的行為或回應。

- **鼓勵有結構的評論**。要鼓勵多評論，有個不錯的方法是邀請成員提供想法。提供可快速補救、並能帶來有影響意義的小步驟，或者提供方法來重新思考整件事情。這三種方式有利於約束，讓團隊的溝通不容易演變成人身攻擊。

- **找一位處理紛爭的模範**。無論個人生活或工作上，我們都認識這樣一個實話實說的人，他說的話又有幫助。下次你可以待在這個人的附近，觀察他們的舉動，試著模仿他們的行為。

莉茲講堂：小組會議

關於抱怨一場無效率的會議，我知道這已經是老問題了，但是這問題仍存在，所以算了。開會對於小組討論或做決策很重要，只是太多會議對於工作的代價很高。花費的時間不僅是開會的真正時間，還包括開會前後的那十五分鐘，心想著，「喔，我等等要開會／我開完會了，我要休息一下。」

我們常常在開會，因為人這種生物喜歡待在一起，喜歡有歸屬

感。若我沒被邀請，我甚至會心情不好——即便我根本討厭開會！不過，和一群人坐在會議室裡表達意見，也能感覺有些貢獻產出。我在這裡提供一些規則，可以讓你開會開得更值得。

1. **專心**。關掉手機和電腦。當我正在說話，你在講電話，你就是在告訴我，我沒有那麼重要，你正閱讀的八卦新聞資訊還更重要。這會惹人生氣！會議的重點在於解決問題，決定接下來該做什麼。這就是為什麼我們開這麼多會議，因為第一場會議沒有人在聽啊。

2. **列出議程表**。如果我不知道開會的原因，你也不知道，那我們幹嘛開會？沒有重點的會議很折磨人，尤其我有成山的工作要做。這可是有研究替我佐證喔！當我們認為會議沒有用，無論我們薪水多高或有多喜歡主管，我們對工作會更不滿意喔。

3. **不再是必需**。若會議提早結束，放我走吧。即使我們表定開會時間是三十或六十分鐘，但這不代表我們要開滿整個會議時間啊！

4. **安排時程要聰明點**。「安排一場單一會議，整個下午都被占滿了，將會議拆成兩個時段，空檔時間根本什麼也做不了，」風險投資家保羅‧葛拉漢寫道。把會議安排在早上一開始或者下班之前。不要在早上十點半開會；否則就是在我靈感豐富的時候戳了個大洞。

會 議 賓 果

那些混蛋、唱反調的人與擺爛人

　　若未檢查，一顆老鼠屎會壞了一鍋粥。研究學者威爾‧菲爾普（Will Felps）花錢請演員客串員工，做出辱罵、行為難搞以及公然懈怠等舉動。這些粗魯的行為讓團隊績效下滑了40％。行銷大師賽斯‧高汀這樣寫道，「一名員工破壞專案進度，會讓整個團隊表現挫敗；或者當團隊成員能力足夠，卻沒做好他的分內事；或者團隊發生霸凌行為，讓潛力新人退出團隊——我們最常見的反應就是聳聳肩，反正這顆老鼠屎已有資歷，或擁有相應的職業技能，或表現也不差。」主管們，別再容忍這些老鼠屎影響團隊的心理安全了。如果有人不斷影響他

顧人怨的王牌同事

王八侍衛　　　　唱反調皇后　　　　懶鬼國王

就是個混蛋　　　只會抱怨，沒有建議　　　毫無貢獻

人心情，團隊會質疑你這位領導者的能力。當然，有時候也擺脫不了老鼠屎。結果呢？在這小節裡，我們要介紹如何處理三種特級老鼠屎的同事：混蛋、唱反調的人、擺爛人。

混蛋

想像一下你有兩個同事：一個是工作能力很好的混蛋，另外一個資質略淺，但是相處起來很有趣。你會選擇和哪一個共事？被問到這個問題的老闆們壓倒性地選擇那位混蛋。其中一名解釋：「如果這混蛋能力很好，可以化解我對他的反感，但我沒辦法訓練一個資質不夠的人。」但當同樣一批老闆要花錢改善這個情況時，沒有人願意錄取那位混蛋（有才能的混蛋，看起來就像五吋高跟鞋——不錯看，但穿起來腳太痛了）。這裡有一個很好的解釋：跟混蛋工作只會徒增焦慮、沮喪，連覺也睡不好。

混蛋通常攻擊他人的軟肋，讓他人備受輕視和洩氣，破壞了心理安全。通常混蛋不只單一攻擊，他的殺傷力足以毀了整個團隊的動力和士氣。若你無法擺脫這種人，最好的管理方法就是限制他們的負面影響。《拒絕混蛋守則》（*The No Asshole Rule*）的作者鮑伯・薩頓（Bob Sutton）曾寫過一個例子，一名醫學院學生的指導教授寄給她一封封充滿侮辱的信件，幾乎快將她淹沒。這名學生在回信之前先緩了緩，接著，她只寄出一封訊息，內容包含之前教授所有的信件內容。如此一來可降

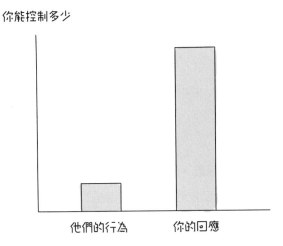

低這名教授回信的次數。

　　警告小語：你無法跟某人相處不代表對方就是混蛋。研究顯示，我們喜歡和跟我們相似或熟悉的人、長相好看，或是也喜歡我們的人說話。若你覺得有人很惹人惱怒或不討喜，也許只是因為他跟你不一樣。或者是你還不夠了解他們！

如何跟混蛋相處：

- **減少摩擦。**如同好萊塢電視節目編劇伊莉莎白・克萊夫（Elizabeth Craft）分享她和職場混蛋的相處之道。「如果有人給你一瓶毒藥，你不會喝下——所以也別吞下言語毒藥啊，」她說道。「若有人帶著負面情緒

對著你來，可別吞下。」

- **同理心**……問問自己，這個混蛋到底曾經發生什麼才會變得這麼王八？

- **……但可別坦白說亮話。**混蛋可能向他人抱怨你能力不足，用以詆毀你，毀了你的名聲，或者攻擊你的弱點。

- **保持身體距離。**麻省理工教授湯瑪斯・亞倫（Thomas Allen）發現我們和距離約兩公尺的同事談話，比和距離約二十公尺的同事談話的頻率高出四倍。

- **保持心靈距離。**試試一種稱為暫時性距離，這是基於想像的時間旅行。作者鮑伯・薩頓寫道，「想像在一天、一星期或一年後，當你回過頭看這件事，其實也沒持續多長時間，抑或事情也沒當時想得那麼糟糕。」

- **如果你是老闆，擺脫混蛋吧。**若你嘗試過，卻起不了作用，那就該讓混蛋走人了。千萬別讓他們升遷（很不幸地，這些情況實在太常發生）。美國波士頓布萊根婦女醫院（Brigham and Women's Hospital）事業及同儕互助中心（Center for Professionalism and Peer Support）創辦人喬・沙普羅（Jo Shapiro）告訴我們，過去在醫學界，霸凌者通常會被升遷。「我們高估了某些才能——『她真的是很優秀的外科醫生』，」

喬和我們說道。「但是當一名優秀的外科醫生，要懂得尊重，擅長領導，因為這些行為也會影響到病患。過去我們不了解性格問題會否定掉一個人的專業技能。」

唱反調的人

　　工作是一連串的妥協。迫在眉睫的工作截止日，客戶需求的衝突，資源有限也表示團隊最後產出永遠不完美。（寄出郵件之後立刻看到自己寫錯字了吧？）唱反調的人總愛和人不同，在提案計畫中指出每一項問題，但又不提供意見。唱反調的人「向舞台上丟花生抱怨，卻永遠不為結果做出任何決

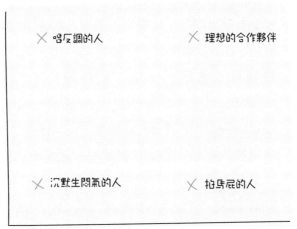

策，」投資風險家馬可・薩斯特（Mark Suster）寫道。「『這永遠沒搞頭』是這種人的座右銘。」

當然，並不是每個提出問題的人都在唱反調。面對唱反調的人並不是要在團隊裡禁止合理的懷疑（悲觀的觀點有時聽來合乎邏輯），而是確認一些建議怪談也能激發產出。在莉茲工作的吉尼斯音樂傳媒公司裡，鼓勵團隊成員在寫下批評的同時，也新增「實際建議的欄位」。若莫莉跟莉茲說，「我覺得不要在章節前面放上一段奇聞軼事。」莫莉要附上：「（實際建議）如果我們放上一段關於美國歌手桃莉・巴頓（Dolly Parton）她的美髮師的故事，如何？」

如何跟唱反調的人相處：

- **傾聽但要有限度**。如果唱反調的人拒絕提供任何實質意見，那麼就離開吧，或者將注意力轉到下一個人。
- **尋找更多資訊**。《第五項修練》（*The Fifth Discipline*）作者彼得・聖吉（Peter Senge）會詢問唱反調的人：你怎麼會有這種想法呢？根據什麼資料而有這樣的觀點？需要什麼樣的資訊才能改變你的看法？我們可以設計出更好的結果嗎？
- **打擊負面**。《The Wisdom of Teams》作者喬・卡贊巴赫（Jon R. Katzenbach）建議團隊多悲觀就要有多樂

觀。研究學者約翰‧葛特曼（John Gottman）相信，樂觀與悲觀評論的數量比例有五比一，是維持快樂關係的必要。我們認為團體裡面，要有二比一的比例。等到你擁有錄取或資遣員工的權力，這可能表示在唱反調的人拋出批評言論後，你會從另一人身上得到正面評論。

擺爛人

「做了比最小限度還多的工作，是我對失敗的定義。」美國影集《廢柴聯盟》（*Community*）中的角色傑夫‧溫格聳聳肩如此表示。除了做自己分內，還要兼做他人的工作，沒什麼比這個更讓人不爽的了。聽過吸盤效應嗎？若莉茲開始推卸責

你怎麼聽起來悶悶不樂的？
是你自己說我可以無止境地休假啊。

任，莫莉會覺得莉茲在占她便宜。莫莉可能不會去責備莉茲的懈怠（因為她不想當那個吸盤），且同時也不想做自己分內的事，因為在這個不公平的團隊裡，她沒什麼動力（同樣地，她還是不想當個吸盤）。

我們這些不願像聖人般自我犧牲的人，會參與團隊專案，是因為感受個人的付出能帶來有益的結果。上述的例子裡，若莫莉相信自己在團隊裡具有更廣泛的重要性，她不會推卸責任，她會選擇更努力付出來彌補莉茲的懈怠。但是在一個更大的團隊裡，很容易感到被無視，或無法融入，這時就會有成員開始偷懶摸魚。為了解決人數龐大的問題，亞馬遜創辦人傑夫・貝佐斯建立了「兩片披薩」規則：若兩片披薩餵不飽整個團隊，代表這個團隊太大了。根據團隊成員的胃口大小，這項規則通常將成員數量維持在五到七人。儘管人人都愛吃披薩啦！

如何跟擺爛人相處：

- **找出成員偷懶的原因。** 擺爛人可能覺得自己可有可無，不了解自己的角色，或者私下遇到難題。
- **成雙成對。** 美國文化轉型公司SYPartners將員工分為兩兩一組，構成「信任的最小原子單位」。兩人小組

必須想出合作方法，因為也沒有其他人可以推卸責任了。

* **以個人作業來評估團隊成員。** 若成員得知會依據團隊表現成果來評斷，而非依據個人努力，那成員就愈容易偷懶。實行社會比對標準方法，如同同儕評估的方式，就很明顯可以看出誰準時完成工作，而誰偷懶了。

* **跟老闆報告關於擺爛人的事。** 記住，你在團隊的任務就是以最好的方式完成工作。曾擔任Nike、歐普拉電視網（Oprah Winfrey Network）、國家地理頻道的行銷長麗茲·多藍（Liz Dolan）表示，「若你看到該填補的縫隙，或者流程的某部分出錯，並不是要去打小報告，說某人沒有在工作。只要你不是闖進辦公室並不斷抱怨，適當的告知是合理的。」

* **老闆們請注意：** 關於擺爛人的行徑，必須直接跟擺爛人本人解決。儘管你若跟整個團隊直接說出「有人很混」要簡單得多，但是這個方法會引起其他人不必要的擔心，而擺爛人只會繼續視而不見。別因為老鼠屎的個人行為，而懲罰整個團隊。

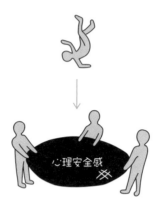

給你帶得走的好建議

1. 透過鼓勵團隊公開討論、放下優越感來為團隊成員解惑、勇於冒險與坦承錯誤等這些方式，來建立團隊的心理安全。

2. 面對衝突不要迴避。要條理分明，避免工作的衝突演變成私人恩怨。

3. 面對關係紛爭時傾聽他人意見，平靜分享自己的觀點。

4. 擺脫老鼠屎（如無法，就留著吧），以維持團隊的心理安全感。

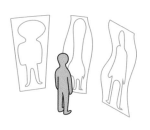

第六章

這樣工作，溝通有力

你的感受不代表事實：

別過分激動看待自身情緒

湯姆・黎曼（Tom Lehman）和伊藍・澤克里（Ilan Zechory）共同創辦吉尼斯音樂傳媒公司，這也是莉茲當時上班的地方。這兩位創辦人在耶魯大學念書時很快成為朋友，但當他們一起創業共事後就開始惹得對方抓狂。「湯姆狂躁的活力能促使我們前進，可同時也會摧殘我們，」伊藍在《紐約時報》訪問中解釋。而湯姆認為伊藍總是鬱鬱寡歡。

這兩個人的差異性，本來會是一種互補。但是，湯姆和伊藍發現彼此無法在過度謹慎和盲目衝撞的個性中取得平衡。他們在商討公司策略時不斷爭吵，關係變得緊張。「我們總將關係視為友情，」湯姆告訴我們，「所以當我們因為公事而意見相左時，就很容易認為對方是在針對自己。」

某天，他們兩人在距離賓州車站幾個路口外，被困在曼哈頓市區的車陣當中，他們的分歧出現了。眼看火車再過幾分鐘就要開往華盛頓DC，他們得要趕去開一場重要會議。湯姆心急地對伊藍說這樣下去他們會遲到很久，伊藍請計程車司機停車，付了車錢下車後，逕自走上人行道前往車站。看著伊藍自顧自地離開，湯姆氣瘋了。

湯姆和伊藍總算在火車行駛前幾秒鐘趕上了，他們放鬆後過沒多久，戰火點燃。他們站在走道上對

我沒說出口的話，
你一個字也沒猜中欸。

彼此咆哮，湯姆腦海浮現一個可怕的念頭。「我常常和生意經營失敗的人聊天，他們總說『他們相處不來』，」湯姆告訴我們。「原因出在彼此的關係。」他和伊藍的關係需要改變，否則吉尼斯也會關門大吉。因此，湯姆和伊藍決定尋求情感諮商協助。

. . . . . .

「我們都會讓人沮喪、憤怒、困擾、抓狂和失望，」哲學家艾倫・狄波頓（Alain de Botton）寫道。溝通是我們影響改變最有效的工具之一，故而我們要介紹職場情緒第五項法則：**你的感受不代表事實**。有效溝通仰賴我們可以描繪自身情緒，而非陷入情緒化。我們常常不經審視就做出假設，並給予他人回應。但是我們說的話並不總是代表真正的意思。心理學家史蒂芬・平克（Steven Pinker）指出，「話語不是溝通的終極重點。話語是進入世界的窗口。」在本章，我們會介紹怎麼和心情不好的同事說話；突顯群體之間的核心差異會導致話不投機；建議大家如何話不帶刺地給予有用的回饋；介紹大家如何在使用文字溝通時避免誤會。

正視房間裡那一頭大象

當同事剽竊你的想法，你會跟他絕交還是正面迎戰？在一項調查中，大多數的人選擇和夥伴絕交，而不是和對方坐下來進行一場高難度的工作談話。在這節裡，我們會教你讓這種情況不再感到那麼棘手。舉例來說，當你同事愛妮塔不再做好自己的本分，或者當隊友阿密特把私人信件副本寄給其他四個人，這些時候該說什麼呢？

今晚菜單：避免棘手的對話

不肯退讓一口堡

擔起責任烤薯片

蒸煎牛排佐眼紅醬

恬恬燉湯麵

沉默以對蛤蜊細麵

就事論事精華骨髓

高難度的對談讓人感到畏懼，我們總試圖避免。但若你拒絕和同事溝通問題，你也同時拒絕了他（和你自己）改善眼前

窮境的機會[1]。我們都曾見識過，因為在一開始時沒有人願意溝通，所以演變成長期的恩怨。正如湯姆和伊藍的諮商師告訴他們，「你們最好能好好溝通，反正問題遲早會出現。」點出問題，並平心靜氣地討論，而不是讓問題惡化，這種方式改善了湯姆和伊藍的友誼。

但若是橫衝直撞地開始一場高難度對談，也可能是個錯誤：你就愈可能為對方做出錯誤的假設，或者你就開始發洩。最糟的是，若沒有計畫就直接開始，會讓對方感到深受攻擊或者情緒崩潰。

要避免溝通失敗，那就等到你完成以下項目再去溝通吧：

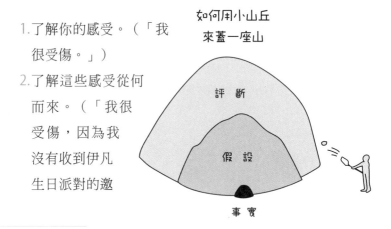

如何用小山丘來蓋一座山

評斷

假設

事實

1. 了解你的感受。（「我很受傷。」）

2. 了解這些感受從何而來。（「我很受傷，因為我沒有收到伊凡生日派對的邀

---

1. 我們推薦你閱讀道格拉斯・史東（Douglas Stone）、布魯斯・巴頓（Bruce Patton）和席拉・西恩（Sheila Heen）共同撰寫的《再也沒有難談的事》（*Difficult Conversations*）。我們在本章節參考該書的內容，但是這本書很值得每個人放在書架上收藏喔。

請函。」）

3. 平靜下來，聽聽他人的說法。一個不錯的經驗法則是，若你認為你已經得到所有實情了（「你沒有寄副本給我，是因為你討厭我」），代表你還沒準備好進行這場高難度的對話。

溝通過程需要一點時間——別匆匆決定在五分鐘後來一場高難度對談。就像伊藍的祖父告訴他，「別只顧著找事做，站住別動！」等你準備好了，冷靜地審視自己的情緒，但務必將感受表達出來。通常可能的方法就是在感到沮喪、被忽略或難過的時候，和其他人坐在一起。若對這些感受避而不談，勢必解決不了問題核心。

明顯露出難過之情，只會讓情況更糟（通常在我們變得極度情緒化時，反而不會表達任何情緒）。一項關於結婚夫妻的研究顯示，爭吵中的夫妻若保持平靜，過得最快樂，關係維持愈久。這樣的夫妻通常會用幽默和感染力來化解緊張，這樣的人解決問題的速度也愈快。

莉茲：我有一位同事在每次回答我的問題時，說話速度都很慢。這種一板一眼的回答方式好像在展現優越感，讓人非常不爽。後來呢，我非常平靜地詢問他能不能改變說話方式。結果發現，他是為了在我面前說話時不會像個笨蛋，才故意這麼說話。

你試著問過他們了嗎？

　　為了在討論感受的時候，不讓整場對話被情緒勒索，史丹佛大學商學院學生學習用以下句子表示，「當你_____，我覺得_____。」「如此一來可避免塑造受害者和加害者的角色，」新創公司經營者克里斯・葛莫斯（Chris Gomes）告訴我們。當克里斯的公司網站草創上線，決定結束龐大的合夥關係，他的共同創辦人史考特變得非常沒耐心。最後克里斯告訴他，「每次你打斷我說話，顯得我很笨又很惱人。每次問你問題都讓我很緊張。」當伊藍開會遲到五分鐘，提著剛才買的幾本書進來時，湯姆也用了這個方法。「你已經遲到了還悠哉地走進來，這種態度讓我很不開心。」他這樣對伊藍說。

怎樣好好道歉

有時候你會遇上一場罪證確鑿的溝通對質。這裡提供三步驟，

教你如何好好地道歉：

1. **承認自己的錯誤**。平息你想解釋錯誤的衝動──因為這通常顯得你在防禦或者讓情況更糟，好像你在找藉口。如果你想解釋，要保證自己對你犯下的錯誤負責。例如你可以說，「我承認我對你的說話態度很差。是因為我昨天睡得不好，但我沒有要為這個行為找任何藉口。」表態方式再明確一點！「明確表示你清楚了解對方為何有這種反應，」湯姆建議。最後，了解他人的感受。你可以說，「我不知道你覺得我的信件寫得太隨便。謝謝你告訴我。」

2. **說聲「對不起」**。很多種道歉方式並不包含明顯的歉意。在你說「對不起」之後，一項不錯的規則就是別再道歉了。想要進入虛假道歉的境界，最快的方式就是在之後補上一句「若〔我魯莽的行為〕讓你感到難受。」別暗示對方過度敏感──承認自己的錯誤吧。

3. **保證這個錯誤不會再發生**。告訴對方，之後你會用不同的方式處理，所以不會再犯下同樣的錯誤。

這裡有個例子：「我沒有仔細校對簡報就寄給客戶了，所以有幾個錯別字。對不起，不會再發生這種錯誤了。下次我會放慢速度，並讓其他人也看過一遍內容。」

　　萬一你進行了高難度對談，卻什麼也沒改變呢？若對方在談話過程似乎很敏感，或者你沒辦法在對話中討論你想說的，試試別的方法吧。有可能是第一次談話時你太緊張，所以沒說到重點。也或許是對方不在乎你的感受，所以改變不了什麼。再不然就是對方還沒準備好自我反思，你就半路殺出來了，那麼先放棄吧。和這樣的人進行高難度對談，就像是用平板熨斗來煮熟義大利麵。

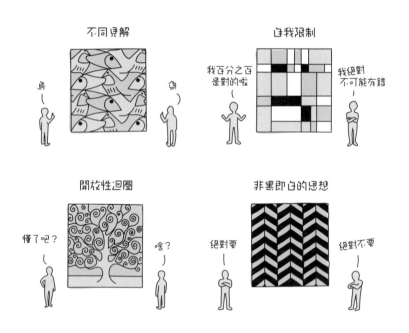

溝通無效的形式

不同見解

鳥
魚

自我限制

我百分之百
是對的啦

我絕對
不可能有錯

開放性迴圈

懂了吧？

啥？

非黑即白的思想

絕對要

絕對不要

談話的問題

自我意識是一種很強大的溝通工具。例如說，你知道自己內向，會讓你了解為什麼老是在和外向的同事工作時起衝突。Google人力經營團隊察覺到，比起男性主管，女性主管比較不會替自己爭取升遷，有一名高層主管寄信給所有主管提到此事。接收到這個訊息後，老闆們改變了自己的態度：下一輪的升遷裡，性別差異就此消失。

意識到他人的存在也一樣重要。了解對方的文化背景，也可以幫助你明白對方剛才那麼直接的批評，並不是針對個人的冒犯之舉。在本節裡，我們會勾勒性別、種族、年齡、文化以及性格外向程度的溝通差異。我們參閱諸多研究，這不表示不信任個人經驗，或將一方的狀況以偏概全。每個人在職場中都有自身特別或複雜的身分和經驗。相反地，我們希望利用了解團隊趨勢來提供來龍去脈，就能加以洞察某人言語背後的意圖。

性別問題

「我不是婊子，就是蕩婦，」美國惠普公司（Hewlett-Packard）前任執行長卡莉・費歐莉娜（Carly Fiorina）說道。語言學家黛博拉・坦寧（Deborah Tannen）觀察，性別角色的刻板印象，替女性建立了雙重標準：善良又富有同情心的女性

通常受到歡迎，但會被認為缺少領導特質。若女性說話充滿自信，會讓人感到太「激進」。為避免這種評斷，女性通常會修飾用語（「我不確定，但是……」），或者使用模糊字眼（「可能」和「我覺得」），將請求塑造為問題，也會在男性之中猶豫是否要開口說話。在學校董事會的會議調查裡，若現場有80%為女性，女性說話的次數才會跟男性一樣多（男性無論是否為現場的少數族群，他們說的話都一樣多）。

相較之下，男性傾向打斷他人說話，並主導整場談話（尤其在女性同事面前），也很快地自認為是專家。美國瞻博網路（Juniper Networks）前執行長潔莉・艾利特（Gerri Elliott）和《紐約時報》分享一則故事。一位簡報者詢問現場的男性與女性，誰是餵奶專家。「有一位男人舉手，」她回想當時。「他

看他太太餵奶三個月了。現場都沒有女性或媽媽們認為自己是餵奶專家。」

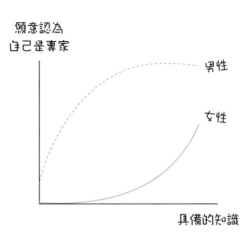

更好的溝通方式：

- **為女性發聲**。在美國前總統歐巴馬的第一個任期內，他的女性員工覺得自己被阻隔在會議之外，在參與會議時，也沒有人傾聽她們的意見。為了讓在場男性認可她們的貢獻，這群女性員工採用放大自我的策略。當一名女性員工提出想法，另一人會複述一次並立刻給予認同。歐巴馬總統當時意識到了，並愈加重視女性員工的參與。
- **在工作場合裡，人人都有成功的平等機會**。男性們，

面對歧視和騷擾，我們要義正詞嚴。請注意你和女性同事說話時的訊息——打斷她、毀謗她、稱呼她「甜心」，這一切都把職場變得更不友善。務必平等看待女性同事。

- **若你說話時被人打斷了，試試這兩種解毒劑。** 打斷別人說話的人通常不知道自己幹了什麼事——他們太興奮了，太想加入對話。私底下讓這些人了解他們的行為，以及對你的影響，大概就可以解決。若還是沒改變，職場顧問蘿拉・蘿絲（Laura Rose）建議在實施不中斷規則時，先打斷他人的插話。試著這樣說，「這次說明有很多部分，希望大家保持一些耐心。我想先分享這整則故事。之後我非常願意聽到各位對於細節的想法。」

如何面對職場中的淚水

若在工作時想哭，應該怎麼辦？「通常我們會盡可能快速收起眼淚。但是了解引發流淚的原因，並分開看待也是很重要的：到底怎麼了？我沒睡飽嗎？是不是被貶低了還是工作得太超過？我討厭這份工作嗎？害怕離職嗎？」《It's Always Personal》作者安・克里莫（Anne Kreamer）這樣建議。

當然，你不能在會議當中灑淚的時候問自己這些問題。若周圍

很多人，先離開現場（去洗手間或者喝點水），在回去之前先讓自己平靜下來。研究顯示，獨自一人哭泣，或有人在一旁擔任情緒支柱時，這樣會比較好受。所以若你有一個知己，打電話求助是沒問題的！

別因為在工作中哭泣而自責——通常這是透露你在乎工作。事實上，將痛苦重新塑造成熱情，你的眼淚在他人眼裡會更能理解。在 2016 美國總統大選那年，希拉蕊‧柯林頓（Hillary Clinton）的宣傳幕僚大哭，前任通訊聯絡主任珍妮佛‧帕爾米耶里（Jennifer Palmieri）的辦公室還變成了臨時的「哭泣室」。「和我共事的人裡——男性或女性——沒有人曾想到，面對這些對總統如此不人道的打擊，和幕僚所忍受的抨擊，哭泣是人類的反應。」帕爾米耶里寫道。「使用哭泣室的人，不必

你 知 道
眼淚有三種嗎

基本構造	生理反射	情緒激動
維持雙眼滋潤	保護眼睛；因憤怒之事而觸動淚腺	強烈情緒使然

覺得丟臉。」

若看見別人在哭呢？你要知道，眼淚不總是代表傷心。作家喬安・利普曼（Joanne Lipman）發現，面對女性，男性主管通常語帶保留，因為就怕女性會哭泣。女性確實在職場中比較容易哭泣，但通常都是因為憤怒或洩氣。「男性不這麼認為，」利普曼解釋。「女性同事淚灑辦公室，就像男性在辦公室大吼大叫，生氣發怒一樣。」

種族或族群問題

我們常常避免去探究種族或族群，就怕自己說錯話。但後果也往往正是這種恐懼影響我們的行為。琪莎目前為美國個人營養公司Habit軟體工程部門主管。在她之前的工作裡，她發現同事在給她建議的時候，總試著不去冒犯她。公司在檢查程式碼的時候，讓同儕彼此互相檢查，兩兩同事比鄰而坐，逐條檢閱，確認是否有改善空間或者錯誤，而琪莎的白人男性同事會直接互相攻擊對方。「你寫得太爛了，我不想坐在你旁邊。」另一位會回答，「我還不好意思提醒你咧，你第三行少寫了一個分號。」

琪莎是一名非裔美國人，當同事們在檢查她的程式碼時，態度就轉變了。他們互說，「寫得很好啊。不過第79行我可能會寫成……」琪莎清楚察覺同事行為的差異，而這對她在工作

技能中的進步和學習並非好事。在經過一番溝通後，另一位同事對待她的態度，就開始像對待其他同事一樣。在Habit公司裡，琪莎設計了一套檢查流程，確保過程當中的公平性：每位工程師都要具體表態，提供如何改善問題的例子，並注意主觀性。

為何我們總是迴避去直接處理種族或相關問題？「在社會化之下，我們習慣不去討論種族，」心理學家琪拉・哈德遜・班克絲（Kira Hudson Banks）解釋，「所以若等到事情爆發才去討論，便會知道原來我們並不擅長，也無法去傾聽彼此。」願意犯錯——而且如果可以，去道歉、改變用語或行為。你可以在開場時說，「如果我說話傷害或者冒犯你，請你在當下或者事後誠實地給我建設性的回饋。」

更好的溝通方式：

- **注意並避免種族色彩用語。**色彩用語像是「貧民窟」（inner city）、「惡棍」（thug）和「非法外星入侵」（illegal alien），這些用語都在隱諱的意有所指之下，冒犯特定群體。
- **不要忽略差異**⋯⋯當我們將種族膚色「視而不見」，我們反而愈帶有偏見。研究顯示，公開談論文化多樣性的公司（例如，團隊成員來自不同國家），往往誤

以為自己很公平——但是不明確涉及論種族的多樣談話，往往會演變成種族歧視。當在給予反饋時，心裡記得潛在的偏見，但不要因為擔心自己懷有種族歧視，反倒避而不談那些重要的批評指教。

- ……**尋找共同性**。避免使用「我們／他們」這種用詞，因為會建立分歧，也會破壞同理心的情緒。

- **練習就會進步**。「不要等你們公司的黑人表示什麼。不要等你們的人資……代表寄信給你，」新創顧問公司Founder Gym執行長曼德拉‧迪克松（Mandela SH Dixon）寫道。當討論種族議題時，或許會有誤解和誤談，但是保持謙虛和願意學習的心，會幫助你撫平這些錯誤。

- **反思你的行為**。當你說錯話，並不是每個人在提供意見或糾正你的時候，都會有安全感。在討論種族或種族議題時，為了讓對話能更合宜，重要的部分就在於告知並觀察你自己。警示自己溝通形式的方法和原因可能改變周遭的同事。

年齡問題

戰後嬰兒潮持續延後退休的年齡（六十五歲以上的工作人口比2000年多出一倍），這是史上第一次，跨越五個時代的人同在一起工作：

- 沉默年代，1925至1945年出生
- 嬰兒潮，1946年至1964年出生
- X世代，1965年至1976年出生
- 千禧世代（Y世代），1977年至1997年出生
- Z世代，1997年後出生

嘮叨時代差異性是一個長期傳統。「年輕人總是無禮，甚至可以說愈來愈無禮，」在1624年一個暴躁的人如此抱怨。四百年後，嬰兒潮時期的人覺得千禧世代的人尋找工作相當馬虎；千禧世代的人反看嬰兒潮時期的人，在數位化的工作環境裡已是毫無希望。這兩代的人認為X世代的人叛逆懶散，認為Z世代的人只關心自己，也是社交網路成癮的世代。

即使有這些刻板印象存在，研究學者發現不同世代的差

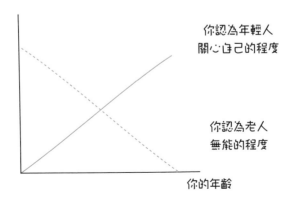

異有部分原因歸咎於人生階段。「並不是80年代之後出生的人都很自戀，」美國《大西洋月刊》（*The Atlantic*）專欄作家艾斯貝特·里福（Elspeth Reeve）寫道。「自戀的是年輕人，隨著他們年紀大了，也就受夠自己了。」（在你能用iPhone手機自拍之前，畫家畢卡索畫了一堆自畫像啊。）但是不同世代在職場溝通的方式的確有異。舉例來說，年輕世代的人傾向傳簡訊或電子郵件，而不是用桌上電話（老天鵝，更不用說語音信箱）。這些習慣對老一輩的人來說毫無人情味，甚至很隨便。我們該了解不同世代喜好，並在發送電子郵件、電話會議和面對面溝通之間尋找平衡點。

更好的溝通方式：

- **啟動跨世代輔導計畫。**這些計畫可撮合年輕員工與資深員工，打開雙方的心靈視野，減少歧視。美國旅館業者Joie de Vivre Hospitality創辦人奇普·康利（Chip Conley）在五十二歲的時候，加入民宿出租網站Airbnb公司並擔任策略顧問。「我在會議中聽到彷彿存在主義的技術問題，我不知道怎麼回答：『若你提供某項商品，卻沒有人使用，你真的提供了嗎？』」康利回想道。「我一頭霧水，覺得自己要被『供』在那兒擺著了。」康利年輕一輩的同事對數位科技了解

甚深。但他也在其他方面有所貢獻（這就是我們要提及「談論情緒」的時候了）：研究顯示，我們在四十至五十歲時最能發揮社交能力。「我通常在離開一場會議後，謹慎地私下詢問那些大概小我二十歲的主管，是否願意談談剛才在會議中的情緒，或者其中一名工程師的動機，這方法滿有效的，」康利解釋。後來他在公司開始擔任EQ導師。以某種形式來說，這方法也的確受讚同供著了。

多元文化差異性問題

「在我們的文化裡，即使你只是問對方有什麼看法，也可能引發衝突，」一名印尼的受訪者向研究學者艾琳・梅爾（Erin Meyer）說。「我們當時和一群從公司總部來的法國主管開會，他們一一詢問會議中每個人：『你對此有什麼看法？』……我們很震驚，居然會在這麼多人的場合中成為焦點。」

但是這群法籍主管有不同看法。「我們很熱烈地提出觀點，」一名高層主管告訴梅爾。「我們喜歡在大家面前表達不贊同之處。會後仍認為會議進行順利，對彼此說聲：『下次見！』」

若不熟悉他人的文化規範，很容易踩到對方地雷。文化也影響我們認為能自在表達的情緒。美國人通常試著散播歡樂和

了解美國人的小手冊

「我很好」	「我還不錯」
「我還不錯」	「我的世界在崩塌」
「給我一秒鐘」	「我需要一分鐘」
「給我一分鐘」	「我需要十五分鐘」
「週末要做什麼呢？」	「為什麼沒有人參加電話會議？」
「如果我有錯，要糾正我。」	「我沒錯，你才錯了」
「會後再討論」	「請你閉嘴」
「待會開會討論」	「別再寫信給我了」
「有空一起喝杯咖啡」	「我們就假裝 我們有空想一起喝杯咖啡吧」

興奮。「美國人很愛說他們非常棒！」史丹佛大學研究學者蔡珍妮（Jeanne Tsai，音譯）表示。「若你只說你還不錯，他們會覺得你心情不好。」梅爾建立以下的圖表，點出文化衝突與情緒表達的傾向。

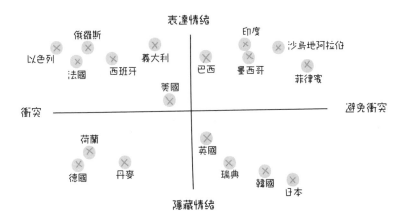

引用自艾琳・梅爾著作《文化地圖》（*The Culture Map*）書中圖表

更好的溝通方式：

- **做功課**。了解文化差異可避免許多痛苦和紛爭。若你和一名不太喜歡衝突的人共事，試著說「我不太了解你的重點」或者「麻煩再解釋得詳細一點」，而不是說「我不贊同」。若有一名外國同事無禮地指出你犯的錯誤，了解他們的文化背景能讓你更明白他們的用意。同樣的情況也可以套用在文字溝通上。雖然你可能在信末加個「謝謝！」，你的同事可能表面上不會表現出感激（但還是感謝你的付出）。

181

- **溝通可能並不總是多文化團體的解決方法**。同事間的語言隔閡很難讓人談得來。音樂或肢體活動可建立團隊的同理心，尤其非口語的方式可在多文化團隊裡有效建立同理心。

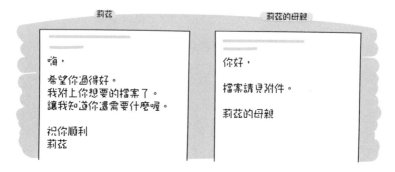

莉茲和她的德國母親寫同一封信

莉茲

嗨，

希望你過得好。
我附上你想要的檔案了。
讓我知道你還需要什麼喔。

祝你順利
莉茲

莉茲的母親

你好，

檔案請見附件。

莉茲的母親

個性偏外向和內向問題

「若不用說話，那我就走嘍，」美國喜劇《歡樂單身派對》中，在傑瑞邀請伊蓮和他一塊喝杯咖啡時，她這麼回答。有些人比別人更需要安靜的時刻。若比起團體討論，你喜歡一對一談話，你想要在行動之前先思考，或者，在辦公室歡樂時刻你總是感到無趣，你可能是內向的人。若以上皆非，你屬於外向性格。

內向和外向的人有不同需求。外向的人對社交互動的反應

通常都比較快。要內向的人嗨起來很難：把內向的人放在嘈雜的環境，擠滿了人群，他很快就無法承受。這或許可以解釋內向的人在安靜的環境裡會有較好的表現，而外向的人則在嘈雜的環境中才能做得更好。

　　一個人屬於內向或外向，是沒辦法立刻就明顯表現出來，尤其在你們剛開始認識彼此的時候。在職場中，內向的人通常為了融入環境，會試圖偽裝他們內向的個性。但若不去開誠布公溝通兩者之間的差異，這兩種人很容易惹得對方抓狂。內向的人對於外來的刺激較敏感（比起外向的人，內向的人對檸檬汁會分泌較多的唾液），也需要較多安靜的時間來自我充電。外向的人很難理解內向的人為什麼要拒絕午餐邀約，或者在一連串的會議之後開始不理不睬。

我有家可以回，幹嘛去喝酒？

更好的溝通方式：

給內向人的小撇步：

- 當你需要獨處空間，就讓旁人知道。你一開始可以說，「我真的很喜歡跟你工作和聊天。」接著再解釋你在安靜的時候比較能夠專心。要有讓步的心理準備；你確實還是必須和他人共事。

- 避免寄一封長長的信給外向人。外向人通常喜歡面對面討論問題或想法，他們可能只快速瀏覽內容第一段而已。

- 會議前做好準備，讓你能在會議中適切地發言，並試著在頭十鐘插話。一旦你破冰了，便很容易再度加入談話。你要記得，提出一個不錯的問題，就跟提供不錯的意見和統計資料一樣有所貢獻。

給外向人的小撇步：

- 會議前寄出議程表，讓內向人有機會準備他們的想法。這樣能促進一場公平的討論。舉例來說，在會議前寄出提示，在會議中按議程安排進行，並逐一讓每個人

你好安靜喔

發表自己的看法。

- 別在談話停頓時搶話，在插話之前，讓內向人先把話說完。
- 提議讓會議參與者兩兩一組，或分為小組討論想法，之後再聚集所有人共同討論結果。
- 最重要的建議：再給內向人一些時間，要一再地鼓勵他們！

關於回饋意見這件事

聽到他人說自己表現不好，心裡真難受。根據報告顯示，即使那些嘴上說要從錯誤中學習的人，在他們接收到批評的反

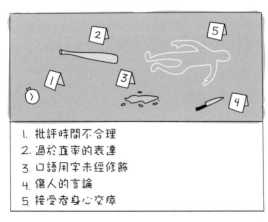

批評的犯罪現場

1. 批評時間不合理
2. 過於直率的表達
3. 口語用字未經修飾
4. 傷人的言論
5. 接受者身心交瘁

饋意見後，其實會不開心，甚至失去動力。我們一位朋友在績效評估時得到莫大的讚賞，但是仍舊執著於「有待改進」的幾個項目。「當然啦，這可以幫助我了解怎麼樣做得更好，」她告訴我們，「但我還是沒辦法不去厭惡自己，質疑自己做事的能力。」研究顯示，若同事給予我們的回饋，總是比我們自己認為的還負面，我們往往會想要避開他們。但若我們想要進步（以及想升遷），又會很明顯想知道自己哪裡做錯了。提供回饋的時候，要如何才能不讓對方感覺像挨了一拳呢？

好的反饋能讓接收者快速掠過他們下意識的防備反應（「我工作這麼努力，怎麼可能有地方需要改進？」），並立刻下定決心有所作為（「我的工作還在進行中，很開心可以知道須改善的地方」）。在本節裡，我們會介紹提供反饋的三項規則，讓接收者的感覺良好（或者至少心情不會太差）：(1)著重在具體的行為，(2)讓反饋能彌補差距，(3)記得：說話方式很重要。

首先，給予反饋時著重在具體的行為。模糊不清的批評毫無用處，也容易讓接收者掉進「我做錯事了，所以我很爛」的深淵裡。思考以下兩種說法：

- 你可以把信寫得更好。
- 你信裡的第二行句子只是重述第一行的內容，應該刪掉。

「不乖」？這構不成起訴，
或者一點也不具體啊

　　第一種說法模糊又讓人洩氣。第二種說法具體點出問題，不會讓接收者認為是衝著自己來的，也可以清楚知道改進之處。

　　擔心對方受傷，所以在給予具體反饋時語帶保留，這一點要注意。我們通常會給認識的人最有價值以及能有作為的反饋意見──也就是說，在面對想要升遷的其他同事時，我們會隱瞞他們需要的資訊。在以男性為主的職場中，他們喜歡聽到有建設性的具體建議，而女性會接收到一般的評論。男性可能會聽到「會議裡討論到客戶滿意度的時候，你的結論說得不是很清楚。下次可以多做一張簡報，來勾勒整個重點」，而女性可能只是聽到「你報告得不錯，但你有些評論失焦了」。

　　第二，別只是單單批評──你可以建議不同的做事方式，以及解釋這種方式對他而言會有什麼幫助。賓州大學華頓商

學院教授卡德・麥西（Cade Massey）認為，反饋就是彌補差距：想清楚你希望對方怎麼做，提供達到目標的具體方式，並且（最重要地）強調你相信對方有能力可以彌補好差距。

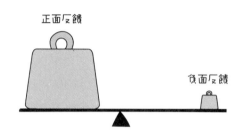

「我注意到你在討論的時候不怎麼理會他人，」美國網路串流影音公司網飛前任人才長珮蒂・麥寇德曾這樣對一名員工說。「如果你的目標是成為主管，你要讓成員想要跟你一起工作。這兒有一些小撇步：不要立刻把想法拆散，不要打斷同事說話，若有人沒發言，邀請他們加入談話，『你對此有什麼看法嗎？』」還有一項建議：研究顯示，要讓大家較能接受負面反饋，你可以在一開始說，「因為我對你有很高的期待，所以我會給你這些建議，我有信心你可以做到。」

最後，避免傷害對方感受最好的方式，就是詢問他們希望如何並何時接收反饋。己所欲，勿施於人——用他人想要的方式去對待他。「無論你的建議是不是出自關心，重點不是你怎麼說，是別人怎麼聽，」《徹底坦率》作者金・史考特告訴我

莫莉：在我工作的 IDEO，這是一家全球性的創新設計公司，我們採用 C.O.I.N.S.（脈絡、觀察、影響、下一步、平息）的反饋模式來提供具體建議。公司鼓勵員工運用情緒，在對話當中提供上下脈絡，分享員工行為的實際觀察，解釋這些行為帶給團隊和公司的影響，接著，未來若遇到各種類似問題，提供解決方法。舉例來說，你可以這麼講，脈絡：我知道你今天想要得到升遷，我也希望你可以。觀察：最近幾場重要會議你都遲到了。影響：這會讓其他同事覺得你不尊重他們的時間。下一步：你可以保證之後開會準時到場嗎？平息：你覺得合理嗎？對於此事，我很高興可以繼續跟你一起努力。

如何減緩反饋暴風

具體表達

讓對方彌補
目標差距

詢問該如何
提供建議

做為裝飾點綴

189

們。莉茲喜歡當下聽到反饋意見，她可以立刻改善。莫莉比較
喜歡在討論之前，先用文字方式傳達具體的建議，所以在討論
前，她可以先自行處理問題。這個建議不僅限於給予批評指正
——每個人喜歡接受正面回饋的方法也不同。「若有人在我們
團隊面前讚美我，我可能會比他們私下讚美我還高興十倍，」
一位朋友告訴我們。但是莫莉（還有很多內向人）對於公然讚
美感到很不自在。若你沒有察覺對方的喜好，你會很容易覺得
自己的方法出自善意而且富有成效，但其實破壞了對方的情
緒。

如何尋求意見反饋

當有同事看到你犯錯，她的第一想法通常是：「我應該說些什麼嗎？」你會希望這個答案是肯定。「就把實話實說當成一件很爽的事，」臉書副總裁馬克・羅布金（Mark Rabkin）寫道。

面對批評的小撇步：

- **提醒自己，需要批評才會進步**。聽到讚美的當下感覺很好，所以我們通常希望可以交換學習機會，簡單地成功完成某事，來加強自己的正面形象。但採用成長心態的思維方式，可以讓你將批評視為進步——也能讓你更容易獲得升遷。

- **詢問知道自己在說什麼的人**。當我們需要幫助的時候，通常會最先尋找最信任以及最容易取得聯繫的人，而非尋求專業。但研究顯示，從專家口中得到建議，才能讓我們進步。

- **要說「什麼」而非「任何」**。若你問，「針對我的報告，有沒有任何建議？」通常對方的預設回答是沒有。但如果你問，「這份報告還有什麼是我可以改進的？」你就是在尋求具體的反饋了。

- **提醒自己，對方給你的意見是在幫助你**。「朋友會告訴你臉上沾了食物啦，」吉尼斯音樂傳媒公司執行長湯姆・黎曼寫道，「不是朋友，就不會告訴你壞消息，因為他們可不想變得尷尬！」

- **存一份好心情文件吧（資料匣也可）**。把你接收到認為還不

錯的評論記錄下來，同事寄來的感謝信也存下來。批評影響我們的時間會比讚美還久，所以有這樣一份文件就能很快地提醒自己做得還不錯，也就趕走罩在你頭上的烏雲了。

- **記得，批評從來就不客觀。**即使原意很好的建議也會帶著不準確的因子；女性被形容「激進」的頻率比男性高了一倍。但在評論反饋的時候，試問自己：這個人對你的工作了解多少？他的反饋和你對自身優劣勢的了解相符嗎？

網路文字的溝通誤會

我們認為對方很容易就能明確知道我們到底在講什麼，其實是我們高估了。為了證明這一點，心理學家伊莉莎白·紐頓（Elizabeth Newton）隨機將一群人指派為「敲擊者」或「聆聽者」。敲擊者挑選一首流行歌，一隻手在桌上敲打出歌曲節奏；聆聽者必須猜出這首歌。在這個實驗之前，敲擊者猜測聆聽者至少能猜出一半的歌曲。但實情並非如此。在超過一百首歌曲中，聆聽者僅猜對三首歌而已。

若你了解，你會知道很難去想像不知道某件事的感覺。如果你敲打皇后合唱團（Queens）的〈我們是冠軍〉（We Are the Champions），伴奏旋律很明顯，因為你腦海裡已經在唱那首歌了。但是另外一個人只有聽到「噠一噠，噠，噠一噠，」

反饋的類別

巧克力夾心餅

兩個正面反饋
中間夾了一層
負面意見

馬卡龍

兩個精心思考後
正面反饋，
中間夾雜一絲絲
負面意見

雙色餅乾

直話直說，沒有廢話

燕麥葡萄餅乾

正面反饋，
點綴一點點負面意見

糖

過度讚美，
但卻沒有建設性

原料

毫無修飾的批評

聽起來就像……隨便一首歌。這種對不起來的問題也會發生在文字溝通上。「溝通最大的問題就是已經發生的錯覺，」劇作家蕭伯納（George Bernard Shaw）寫道。該怎麼預防用字和郵件不小心破壞你的人際關係呢？以下我們列出在職場運用文字溝通，要做和不要做的準則。

要加上表情符號（但是要小心使用）。表情符號可以幫助我們傳達語氣、意思和情緒暗示。若莉茲在「別遲到！」訊息後面加個☺，莫莉就很容易了解她在說玩笑話。但若使用過度，尤其當你還不太了解對方時，會有損你的專業形象。所以在你傳出一堆微笑符號之前，先了解對方對於表情符號的感覺。

要檢查錯字。錯字會反映我們在點擊發送的時候，過於匆忙急促，或情緒在熱頭上（或者我們是老闆，就不用去管錯字了）。研究學者安德魯・布拉斯基（Andrew Brodsky）把錯字比喻為情緒放大器：若莫莉寄一封憤怒的郵件給莉茲，內容滿是錯字，莉茲會想像莫莉是在暴怒的情緒下用力敲打這封郵件，並且感知到其中確實傳達出非常生氣的訊息。

要檢查內容，檢查語氣。奧美廣告公司（Ogilvy Group）的人才長布萊恩・費瑟斯頓豪（Brian Fetherstonhaugh）常常問員工，有沒有曾經成功透過郵件解決情緒引起的問題。通常答案都是沒有。但是他問同樣一群人，有沒有曾經因為郵件溝通而引燃問題？「每個人都舉手了，」他告訴我們。所以在你

寄送郵件之前，再重讀一次，確保清楚表達訊息，用字語氣出自本意。若你發個「我們聊聊」，會讓收件者感覺很恐慌，但其實你的意思是「我有些不錯的建議；我們討論怎麼擬定一份草稿」。

　　要使用不同的管道來跟剛認識的人溝通。當我們在跟不熟的人或者比我們年長的同事傳訊息或者電子郵件，我們通常都把模稜兩可視為負面意思。假設，莉茲寫信給莫莉，「草稿是

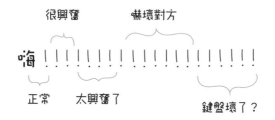

不錯，但我想有一些段落可以寫得更好。」莫莉會就文字的表面去看待這件事。但若是她的老闆或新同事傳這封信給她，她會感到非常焦慮。在開始共事時，先用視訊會議溝通，尤其當其中一人身處異地，這樣可以建立信任感。一般而言，看到對方的臉部表情可以更容易去解讀日後對話的文字語句、聊天，並發展出更真誠的關係。在了解這個人後，就可以常常使用電子郵件溝通了。

要預設使用視訊會議溝通。在專案管理軟體開發公司Trello中，若有人在異地工作，該公司的團隊成員會使用視訊會議；如此一來可保證每個人都有參與感，也確保不會漏掉任何訊息。

莫莉：我和莉茲第一次跟我們的編輯莉亞開會時，簡直是一場災難。莉亞跟我在紐約，所以我們在企鵝出版集團（Penguin）辦公室見面，莉茲從柏克萊打電話過來。我提早赴約，跟莉亞聊聊她的家人，所以莉茲在我們談話到一半的時候打電話進來。接著在開會時，電話出了點問題：莉茲在說話，但是我們聽不到她。莉茲試著掛掉電話並重新打進來，但是一直撥不通。接著，她打了我的手機，但我手機沒訊號。在此同時，莉亞跟我完全忘記莉茲正在拚命想辦法，我們兩個就繼續聊著書本的架構如何更改。莉茲氣壞了（合理的生氣）。我們事後討論起這件事，決定從此以後都用 Google 視訊通話功能開會。

莉茲：對，那場會議糟透了！但莉亞跟莫莉事後了解狀況，所以我們開始使用視訊會議。從此之後，我就很有參與感了。

讓 GOOGLE 翻譯翻譯你老闆的信

「我想知道…」	「我要提出一個荒謬的要求」
「我們進行到哪了？」	「你還沒完成？」
「也許我錯過什麼訊息了」	「他媽的」
「我注意到了」	「我很不爽」
「我確定你…」	「你最好」
「我來接手」	「你完蛋了」

就當作沒有人在看，跳舞吧

就當作總有一天會在垃圾郵件裡
找到這封信，寄出去吧

不要慌張。如果一封信讓你生氣、焦慮，或是高興，等到明天再回信吧。如果可以，等你冷靜之後面對面談話更好。當你回信時，透過第三者的角度去複讀一次信件。若你第一次先寄給自己看，這樣能比較容易去想像收件人會如何詮釋信件內容（額外撇步：永遠記得，在點擊傳送之前，收件者欄位要先空著；我們有一位朋友因為不小心寄出一封寫得很草率的薪水協議信件，錯失了一個工作機會）。

不要在你需要肯定答覆的時候，使用郵件溝通。親自表達請求，比透過電子郵件表達請求的成功率高出三十倍。研究發現，以電子郵件表達請求，通常會被認為不值得信任，或者並不怎麼緊急。若你用了電子郵件進行談判，最好先親自和對方聊聊，利用視訊通話或電話溝通。一項實驗（標題為「聊聊或哭哭」〔Schmooze or Lose〕）邀請一群企管碩士生互相攻擊，一半的參與者只有對方的姓名和電子郵件。另一半的人在採取攻擊之前先拿到對方的照片，也知道對方的喜好、工作計畫及家鄉背景。和第二組幾乎每個人相比，第一組有70%的人達成目的。

不要在下班之後寄出不緊急的信。「我下班了，會時不時查看郵件。若郵件內容不怎麼緊急，我可能還是會回覆。我就是有這個毛病，」山寨帳號AcademicsSay某天發了這麼一則推文。即使你寫「等到明天／星期一再讀／回覆」，收件人還是有可能整個週末都在思考你的信件（甚至因為倍感壓力而立刻回信）。試著先將信件存到草稿匣，安排之後再寄出吧。

給你帶得走的好建議

1. 在高難度對談裡，冷靜處理你的情緒，不要做出假設。

2. 注意溝通方式，可以更加了解對方言談背後的意思。

3. 提供具體並能有所實際作為的批評。詢問對方接受批評的方式為何。

4. 在寄出信件或訊息之前，檢視情緒性字眼並複閱內容。

第七章

這樣工作，文化有力

情緒文化的次第傳遞從你開始：

小動作能引發大改變

辦公室情緒地圖

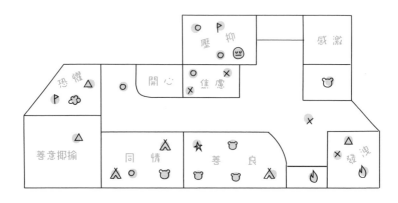

✕	經常抱怨者	★	值得信賴者
△	過度分享者	⌂	帶動氣氛者
○	淡然冷靜者	P	網路成癮者
✿	情緒易怒者	☺	安撫情緒者
🔥	砲火連連者	😐	禁欲無我者

　　「點頭一次是不錯，點頭兩次是很好。歷史上只出現過一次笑容，就在2001年湯姆‧福特的設計。她不喜歡就會搖頭。當然嘍，出現了癟嘴就表示……大難臨頭。」這是電影《穿著Prada的惡魔》（*The Devil Wear Prada*）劇中，時尚雜誌藝術總監奈吉這樣形容他的老闆米蘭達‧普瑞斯特利。無論欣賞或厭惡，米蘭達總是嘀嘀嘀咕她看到員工的無能表現。她從不在錯綜複雜的工作場合中露出一絲情緒破綻。幾個星期後，米蘭達的助手小安也學會隱藏自己的焦慮和沮喪。每天早上再也不熱情地和同事打招呼。換句話說，小安為了適應辦公室情緒表達的不成文規則，採取有別以往的行為舉動。

　　在本章，我們要介紹第六項情緒法則：**情緒文化的次第傳遞從你開始**。我們探討情緒文化形成和散播的方式，如何影響職場各層面（包括生產力和星期一生存意志），以及說明歸屬感如何做為健康情緒環境的最佳指引。無論你是負責公司政策的管理者，或彷彿身陷米蘭達辦公室的一名職員，你都擁有影響職場情緒文化的那股力量。

情緒感染

曾經有過看著別人笑，自己也跟著咯咯大笑的經驗嗎？透過一種稱為情緒感染的自動過程，我們會捕捉到他人的情緒。無論你是在電梯裡和同事聊天，或者收到來自地球另一端的朋友寄

來的電子郵件，你會反覆主觀解讀她傳達的情緒。沒錯，感受也可以透過科技方式傳達，包括英文單字大小寫、拼音、訊息長度、標點符號、動畫和表情符號。「話中帶刺傳訊息，彼此之間有距離，」嘻哈歌手德瑞克在歌曲〈From Time〉中如此感嘆。

情緒會散播。美國貝勒大學（Baylor University）研究人員發現，討厭的同事不僅讓你（和你的家人）脾氣暴躁，還可能會引起漣漪效應，影響到另一半的工作情緒。事情發展會是：因為一個同事的壞脾氣，讓莫莉帶著怒氣回家，又在她先生面前甩門。莫莉的先生察覺她心情不好，隔天也同樣帶著怒氣去上班。莫莉同事酸溜溜的態度，就這樣散播到莫莉她先生的同事群。

避免一群人的情緒陷入浮躁，記錄（校驗）是最簡單的方式。在會議開始前，領導顧問阿妮絲・卡瓦那（Anese Cavanaugh）讓每個人為自己的情緒從 0 分到 10 分之間評分。阿妮絲那些情緒分數低的員工（5 分以下），在接下來五分鐘內，能不能做一些提高情緒分數的事。例如，一名員工覺得待會要回覆的信件讓他倍感壓力。阿妮絲會鼓勵他，暫時離開會議室去好好地回信，寄出之後再回來。比起待在現場，讓他先暫時離開會議室會比較好，畢竟他的緊張也會讓周圍的人感到焦慮。

《過得還不錯的一年：我的快樂生活提案》一書作者葛瑞琴・

魯賓也建議，明確指出感到壓力的情況，在發現負面情緒的時候，放慢速度。「迫在眉睫的工作期限是讓我感到最糟的狀況，」她回答。「我會變得焦躁，也一股腦地促使其他人匆促行事。我現在會告訴自己，『工作期限的事情不像你想的那麼大條；冷靜下來。』我發現，若和他人說話再少一些不耐，多一些開心的態度，大家也會一樣開心。比起兵荒馬亂，這樣的工作效率也比較好。」

接著，因為情緒感染，葛瑞琴的心在那天成長了三倍。

文化如何形成的

每間公司都有它的情緒文化。為快速了解企業文化，賓州大學華頓商學院教授亞當·格蘭特說道，「跟我說一件只有在這裡才會發生的事吧。」當時莉茲離開吉尼斯，她在網站上貼

了一篇充滿情緒的離別信，開頭寫著：「我永遠都會感謝在吉尼斯認識這麼一群難以置信＋好笑的同事。」吉尼斯網站用戶

回覆傷心的動畫貼圖，也寫下埋怨的回文；甚至有釣魚帳號回覆，「妳哪位啊？」而莫莉在紐約的IDEO公司，她們每星期四的午餐宗旨為創造（相信）時間。創意活動，例如香料手指繪圖、集體創作俳句詩文、遮眼描繪輪廓，員工在這些活動中可盡情地耍笨。

　　還有其他微妙的線索可以顯示你的工作場合裡能接受哪些情緒。同事在走廊相遇會打招呼嗎？會議室有面紙嗎（可能代表在會議室裡可以哭）？你的同事願意表達他的沮喪或開心嗎？可以在回信的時候貼上有趣的貓咪貼圖嗎？你的答案會取決於你對同事的看法；一間公司裡可能會有多種情緒文化。（你曾經過辦公室某個區域，心想著：「這是什麼詭異的氣氛？」）醫院護理師可能會在個人的休息室裡互相發洩情緒，但是對於病患又展現同情心。無論是哪種方式，無論你面對同一種情緒文化，或者在同一天裡面對好幾種情緒文化，了解並關注你公司的文化，都是感受歸屬感的關鍵（我們在下一節會詳細介紹這一點）。

　　情緒文化建立在情緒規範（emotion norms）上，這些不成文的規則決定你可以感受和表達的內容。以下是職場情緒規範的幾個例子：

- 在交易場所中，每個人面對污穢性的咆哮仍面不改色。

- 在醫院裡，醫生進行冷酷的診斷，在病患面前壓抑內心悲傷，表現冷靜專業。
- 在很多辦公室，員工在座位前會表現熱情，但是當想要哭泣脆弱的時候，會躲在洗手間的隱祕地點。
- 在工作中，若在一場無聊的會議裡，你嘆了氣或者頭不小心撞到桌子，你很有可能遭到反感的眼神關切。

　　情緒規範是由一些微小而重複的社會信號（social signals）所建立和強化，我們常常接觸這些信號，只是自己不知道。當你跟你的同事艾莉卡抱怨約翰在開會的時候有多討厭，若艾莉卡點頭表示理解，你會繼續抱怨。若她雙手抱胸，皺著眉頭（即使只是微微皺眉），你便會開始改變話題。

　　很少有組織會討論情緒文化——或情緒規範——即使它關係到我們熱愛工作的程度，承受多少壓力，以及把工作做好和準時交付的能力。情緒文化是相當棘手的概念：沒有單純「好」或「不好」的情緒文化。過度規範是非常危險的事，每一種情緒表達在極端情況下都變成傷害。過度強化同情心，會讓他人躲開必要的衝突。

　　研究中發現一些重要的趨勢。不太富有同情心和感恩之心的公司往往有較高的離職率。在基金公司裡，懷著無情和報復心態的主管，比起其他處事善良的人，為公司帶來較低的收入。若主管個性粗暴或習慣懲罰他人，成員往往不容易記住重

要訊息的時間，也更容易做出錯誤的決定。相反地，當我們感受到同事的支持和鼓勵，我們心情會更快樂，坦然處理工作壓力，也不容易離職。身體愈健康，面對工作壓力也更得心應手。當主管不帶著憤怒情緒，耐心回應我們，我們會更信任主管。

如何將情緒環境當作人質

憤怒　　　　嘲笑　　　　懶散

無奈　　　　打鼾

　　公司和個人的合理目標，是鼓勵某種程度的情緒表達。不必大幅改變公司組織，就可以實現目標；規範很彈性化的。同情心和慷慨具有「瀑布效應」（cascade effect）：會在人群之間次第散播，代表你能影響整個公司。試試看麗思卡爾頓飯店訓練員工遵循的10/5法則：當你在10呎之內遇到某人，眼神要交會並面帶微笑。若在5呎之內，要開口打招呼。許多醫院也

實行這條規則，讓客戶和員工更加快樂。（就如一間飯店鼓勵員工一樣，「多微笑會少很多客訴喔！」）

或者試試看作家吉爾斯・特溫博（Giles Turnbull）的例子。他在英國政府數位服務（UK Government Digital Service, GDS）工作小組擔任寫手的時候，吉爾斯替組織做了「很OK的」（It's OK to）海報（如右圖），並在辦公室裡掛了好幾張。吉爾斯告訴我們，寫出在GDS的職場情緒規範，有助於新進同事更快速且更容易適應文化。這張海報後來出現在許多公司的牆上，像是瑞典音樂串流服務公司Spotify、企業雲端科技公司Salesforce，以及跨國銀行控股公司高盛（Goldman Sachs）。

規範某種程度的情緒表達也可以提供具有價值的資料。在美國財務公司Ubiquity（Ubiquity Retirement and Savings），每天傍晚員工下班之前，會從五個按鈕當中，按下一個代表心情的按鈕——可從開心、中立或傷心之間選擇。公司利用笑臉按鈕的資料，去了解如何增加職場中的快樂和動力。

但如果你的主管是米蘭達那種類型，一點也不在乎你的感受呢？透過可接受的言語，重新塑造關於情緒的討論，把你的感受和公司目標串起來。「如果我說，『我很受傷，也被視為理所當然』，這會很難接受，」《再也沒有難談的事》作者群寫道，「試著這樣想：『我要想辦法在每一季提早完成這件事。我知道我常常因這些會議搞得大家很沮喪，我想你也不時

很OK的……	説「我不知道」
	要求更明確的解説
	生病時待在家休息
	坦承自己聽不懂
	詢問縮寫代表什麼意思
	詢問為什麼，或為什麼不可以
	忘了事情
	介紹自己
	依賴團隊
	尋求幫助
	無法全盤了解
	安靜度日
	大聲説話，説説笑話，開懷大笑
	戴上耳機
	在忙碌的時候拒絕他人
	犯錯
	唱歌
	嘆氣
	幾個小時不收信
	幾個小時沒有常常去收信
	在線上聊聊
	走到同事身旁面對面溝通
	到別處集中注意力
	給予他人的工作一些反饋
	挑戰自己不太喜歡的事
	有人泡咖啡的時候，可以來上一杯
	比較喜歡喝茶
	吃點心
	桌面凌亂
	桌面整齊
	用喜歡的方式工作
	要求管理層去解決
	閉關幾天
	休假幾天

英國政府數位服務工作小組「很OK的」海報清單，由索妮雅·特科特（Sonia Turcotte）設計。

有同樣的感受。我們可以討論原因嗎，或者該怎麼改善這個過程呢？』」但如果情緒文化常常把你搞得一團糟，你該考慮換個團隊或工作了。「我們都還不夠重視情緒文化，」賓州大學華頓商學院教授席格·巴賽德（Sigal Barsade）說道。「公司總強調工作帳面上的好成績。但其實情緒文化對你和你的工作影響至深。如果你非常不開心，最好還是離開這份工作吧。」

壓抑文化中的情緒表達

| 我很沮喪 | 我很開心 | 我快死了 | 我爆炸了！ |

如何鼓勵健康的情緒表達：

- **了解個人的生活**。即使是在醫院這種高壓環境中，神經外科醫生保羅·卡拉尼奇（Paul Kalanithi）的同事告訴他，「院長正在辦離婚，所以他現在一心埋頭在工作裡。別和他閒聊了。」了解周圍的人正經歷哪些事，能帶著同理心和同情心和他們相處。
- **一起喝杯咖啡，吃頓飯**。「長久以來的傳統中，一起吃飯被視為一種社交黏著劑，」美國康乃爾大學教授

凱文‧尼芬（Kevin Kniffin）解釋。每當我們一起吃飯，我們會愈喜歡對方和我們的工作。根據麻省理工學院研究學者建議，美國銀行客服中心調換了班表，讓同仁們能夠休息時一起喝杯咖啡，而不再是獨自一人。讓辦公室員工有時間可以聊聊天，心情會更開朗，也會更願意工作──這為公司每年提升估計達1,500萬美元的績效。在星巴克咖啡，重要的會議都會先從品嘗咖啡開始。這個方法會營造一種合作氛圍，團隊在討論下一步或最終決策時，會更容易達成共識（要不要在咖啡杯上寫下名字，大家毫無異議）。

- **為你重視的情緒歡呼吧。**時尚品牌Tory Burch為獎勵公司最能體現合作價值的員工，全程贊助員工來一趟不限地點的七天之旅。你可以用小小的舉動來強調善意，就是明確地表達謝忱，並樹立榜樣。（「謝謝你幫我從廚房拿燕麥點心棒過來！」）

- **不要被抱怨的人影響。**如果你有一個不斷在抱怨的同事，試著讓對方思考如何採取行動，並詢問他們，「你當時可以用哪些不一樣的方式處理呢？」或是「你現在可以怎麼做呢？」這些問題可將對話帶往正面方向發展──也可以讓對方覺得對你抱怨並不怎麼有趣。如果這個方法沒用，那就找個理由來結束這個話題（「還有一大堆信等著我去回覆」）。

人際關係最佳下午茶組合

連鎖咖啡
一起討論手工烘焙
咖啡豆的優點

微波食品
味道難聞，
會樹立共同敵人

氣泡水
無奶蛋類，無麩質，
素食者的最愛

巫毒造型餅乾
因為恐懼，
讓大家相遇

來談談歸屬感

如果你可以把自己藏在組織內，融入其中，即便有部分的你在表面上並不屬於組織的一體？若要做到這一點，你必須感覺自己真正屬於公司。但到底什麼是歸屬？多樣化表示你擁有自己的空間，包容性表示你可以發表意見，歸屬感表示你的意見被聽見了。「我們不需要知道自己可以在環境中生存，我

們想要知道自己可以在環境中成長，」美國企業雲端科技公司
ServiceNow人力資源部總監派蒂・瓦朵（Pat Wadors）告訴我
們。派蒂說，她的成長過程中有學習障礙，總覺得自己是局外
人。但是在何時她體會到歸屬感？「那一刻，我可以為了你而
翻山越嶺，」派蒂回答。「在我體會到歸屬感的那一刻，是當
我可以做真正的自己。當我為自己是女性感到驕傲，當我不再
因為自己有閱讀障礙而感到丟臉，當我覺得特別是一件很酷的

多　樣

包　容

歸　屬

這個報到流程可以再有同理心一點啦

事。」評估自己在公司內有沒有歸屬感，可參考第283頁的精簡版評估表。

有些過渡時期，例如你工作報到的第一天，特別容易引起焦慮。這正是將過渡時期轉變成歸屬感的好機會。回想一下，你在確定錄取工作時有多興奮。但隨著日子一步步接近，你的興奮感可能已經變成自我懷疑。為了解決第一天上工的緊張，IDEO舊金山辦公室提供新進員工「報到須知」（報到和員工須知的混搭）。每一位曾與這位新進同事面談的人，會分享他們歡迎他加入的原因，以及這位新進同事具備什麼技能可以幫助整個團隊。這些評論都會寫在小卡片並摺疊起來，封面寫著：「親愛的〔新同事的姓名〕，我們覺得你與眾不凡，原因在此喔！」

莫莉：剛開始在 IDEO 上班的時候我很興奮。公司有相當強烈的文化，棒極了，但這也代表新進同事會感到自己是局外人，一直到自己了解公司所有獨特又細緻入微的文化規範。當時我很緊張自己能不能融入公司。我花了好幾個月才逐漸對周遭的人感到放鬆。

我報到的第一天，我的辦公桌上貼了好幾張同事寫給我的便利貼，他們解釋了期待跟我共事的原因。有些人還擺上我最喜歡的辦公室零食；在那一個星期前，我填寫一份公司的報到問卷，調查內容包含我喜歡的零食，但我當時假設這資訊只是為了讓公司的人了解我而已。在我得知新同事這麼歡迎我，我鬆了一口氣。另一個新同事報到的傳統，就是寫下自我介紹的信件，附上有趣的事蹟和照片寄給大家。我和大家分享我喜歡看喜劇（我先生是喜劇演員），以及我曾經和真人秀節目《紐約嬌妻》（*Real Housewife of New York*）裡的真實嬌妻（給這個節目的粉絲：就是穿著豹紋再自然不過的索尼亞・摩根〔Sonja Morgan〕）共度春假。在寄出信當天下午的五點之前，我的第一封信釣出一大堆人的回覆。

幾個月後，我更加了解公司文化，所以漸漸開始面露笑容，勇於發表，也會自發性幫忙大家（包括模仿《英國烘焙大賽》〔*The Great British Bake Off*〕，在辦公室策畫和主持烘焙比賽）。當我愈能體會到歸屬感，愈不再那麼頻繁懷疑自己能不能融入。我可以表現傻氣的一面，同時也會提出棘手的問題。我在職場上全心投入自我的幾個月後，公司請我主導了我的第一份專案。

小動作和歸屬感

小動作（microactions）是指社交互動當中的小舉動。你可能聽過「微冒犯」（microaggressions）這個詞，意思是間接或無意的冒犯。「小動作」（由企業轉型顧問公司 SYPartners 創造的詞，他們也落實在自家公司裡）是一體兩面──它們是你可以採取的積極行動，以建立有意義的歸處感。

這裡有個例子：SYPartners 公司一位資深設計師卡麗詩瑪（Karishma）非常有才華。在 2015 年初，她和公司創辦人兼董事長山下凱斯（Keith Yamashita）合作一項專案。幾次見面後，卡麗詩瑪將凱斯拉到一旁說，「我會教你怎麼念我的名字，」她這麼說，「那以後你就可以喚我的名字，就像你喚其他人一樣。」凱斯認為自己是一個有包容性的人，當他向卡麗詩瑪提問，還有當卡麗詩瑪說話時，他都表現出專注的態度。「但我其實不知道卡麗詩瑪的名字怎麼念，我又不好意思說，」凱斯告訴我們。「可是如果我都喚別人名字，卻沒有這樣對她，她會怎麼看待我重視她的程度？」現在凱斯會主動請教第一次碰面的人的名字怎麼念（這種舉動就是小動作）。

為他人建立歸屬感，試試看以下的小動作：

- 交談之中，使用同事的名字（這就必須靠你自己去詢問並記得同事的名字怎麼念嘍！）。

- 和不熟的同事每個月喝一次咖啡或吃頓午餐。藉機會可以多認識他們，也了解他們的工作。
- 當新人報到時，帶他們認識公司同事。當你介紹新同事給其他人時，不要只是說，「欸，你們聊一下啊！」你可以尋找並提起他們之間共同的興趣（尤其工作業務不相關的兩人），就能為他們找到話題的開場白。
- 當有他人加入對話，花點時間讓他們可以更快融入話題。
- 如果有同事竭盡全力地幫你，要記得謝謝他們！
- 有人跟你說話的時候，不要同時間做其他事。停下手邊的事情，專心和對方相處。
- 如果你發現有人說話被打斷了，找時機介入，並請他繼續分享剛才的話題。

　　歸屬感並不等於你和大家的感受雷同（我們渴望融入群體，便往往會掩飾自己真正的個性）。歸屬感是指當你面對讓你與眾不同的情況，能感覺到安全，也被重視。當團隊輕描淡寫帶過自己的意見，我們會確定那是因為我們的意見並非最好，而不是因為我們本身有問題，這種時候就是歸屬感。沒有歸處感或感到孤立是離職率的最佳預測指標。一項利用電子郵件的研究發現，新進員工在前半年溝通時，若沒有從「我」改成「我們」（我們二字是研究學者認為歸屬感的指標），通常會有較高的離職率。

219

　　在職場體會到歸屬感，不表示你的工作就好像在公園散步那樣輕鬆──而是代表職場中一般起起伏伏不會造成你太大壓力。在創意分享平台Pinterest，公司鼓勵主管分享他們在公司的經驗（好與壞），這幫助大家了解有些情緒化的變動是工作的一部分──你可以渡過難關，而你始終是公司的一分子。在下一段落，我們會介紹這些對話的細節。這些方法稱為歸屬感干涉，通常不需要一小時就可以實行了。

如何建立歸屬感文化：

- **採取善意。**如果你一個很熟稔和信任的同事做錯了

事，和他們解釋他們的舉動為何讓你感到被排擠，並提出一個替代方法。「本意很重要，」派蒂·瓦朵說。「要給對方從錯誤中學習的空間。」

- **歸屬感始於報到日**。在美國一間網路眼鏡公司Warby Parker，員工會在新同事報到之前打電話，告訴他們新人訓練的內容，並為新同事解惑。在Google，若新任同事的主管在他們報到第一天熱情歡迎他們，在接下來九個月會有更高的工作效率。

- **指定「文化夥伴」**。Buffer是一間社群媒體管理公司，公司會分配每一新進員工一位了解企業文化的員工。在報完到的第一週結束時，這位文化夥伴會坐在新進員工身旁，回答他的問題並給予回饋意見（例如，如何理解他們寫信的語氣），以及幫助他了解到，在一開始感覺無法融入是很正常的。

- **確保歸屬感沒有搞砸會議進行**。每場會議指派一名與會者擔任客觀觀察員。觀察員負責記錄會議團隊的動態，注意誰發言次數最多，誰都沒有說話，誰一直不斷打斷別人說話。在會議結束後，這名觀察員便提出團隊可改善的部分。

歸屬感和遠距工作者

對於與日俱增的在家工作者或自由工作者，文化代表什麼？住在西雅圖的蘿拉·薩維諾（Laura Savino）是一名 iOS 系統開發者，她和世界各地的公司進行遠距工作。當我們訪問她時，蘿拉抱怨起她工作最大的缺點：她幾乎沒機會去了解工作時間以外的同事，有時候感到被孤立、被忽視。蘿拉笑著回想，「所以有間公司為全體員工安排每星期一次三十分鐘的視訊下午茶。很顯然地這可進行聯誼，也的確拉近我和他們的距離。」

莉茲針對遠距工作者的需求層級定義

自我實現	電話切到飛航模式
尊重	按讚，加到我的最愛
愛與歸屬感	聊天，傳訊息
安全感	訊號穩定的無線網路
生理需求	咖啡

公司最為人所知的茶水間閒聊時間，可拉近公司與遠距工作者的距離。在 Buffer 公司就有七十五位遠距工作者跨越世界各地，他們會在 IG 上分享個人生活片段。Buffer 人事長寇特妮·席特（Courtney Seiter）跟我們說，「現在我可以了解我同事的生活，還有她的工作環境。我知道她會做餅乾，遛狗。這些

事情是你絕對不會在視訊會議中分享的，但是看到這些事情也幫助我們了解彼此。」

「眼不見為淨」這個陷阱，通常代表遠距工作者很少有機會獲得讚美。當我們面對面和同事相處，我們在會議之後，或者站在公司大廳，或者在喝一杯的時候稱讚他們。遠距工作者很少有這種機會接受非正式的回饋。「許多遠距工作者接到任務，準時交付，主管會在需要你完成更多任務的時候給予回饋，」E Group 公司的克莉絲汀・奇爾訶（Kristen Chirco）解釋。要公然地讚美遠距工作者的優秀表現，我們還有很長的路要走。

愛觀察：視訊會議

223

讓遠距工作者感受歸屬感的莉茲小撇步

> 莉茲：因為我是自由工作者，任何只要有無線網路的地方，我就可以工作。我父親是一位退休的病理學家；他以前要花四十分鐘的時間搭火車去實驗室工作。我必須常常提醒他，當我穿著休閒褲，在餐桌前使用筆電，我就是在工作。某天早上我去父母家，窩在床上工作。我父親在房門口探頭進來，很認真地問我，「你到底什麼時候要去大樓裡工作啊？」

遠距工作者也能感受歸屬感的最佳建議：當你遠距工作時，也做著如同你和同事面對面時會做的事。

- **一旦贏得歸屬感，請信任我們。**因為你沒看到我們工作的樣子，所以很容易假設談話停頓的時候，我們都在玩弄手指。遠距工作最棒的地方在於，你可以輕鬆地自我隔絕一天，不受干擾。為遠距工作者設立清楚的期望，但就算每隔五分鐘沒聽到他們那一端的聲音，也別太擔心。
- **注意各區時差。**為讓每個時區內的員工融入，等到每一位成員都發表看法後再做決定。若是在他們時區的早上六點或是晚上十點要求同事開會，就不建議視訊了。直接打電話加入會議，可省得搽睫毛膏或套上衣服。

- **寄點東西給我們嘛！**我在生日那天收到其中一位客戶寄來的小蛋糕。太驚訝了！另一位客戶寄來我的薪資支票，還畫了張感謝卡。當數位化的時代來臨，這些實質的包裹（想想辦公室小物，書啊，點心啊，或者隨手寫的筆記）讓人心頭一暖呢。
- **讓我們見上一面吧。**可以設定虛擬午餐、虛擬下午茶，或是 Buffer 稱之為「來電五十」。在來電五十的活動裡，Buffer 的員工每星期會隨機和一位公司同事成為一組。電話內容沒有設定；同事彼此間可以聊聊家人、興趣嗜好、最喜歡的電視節目，藉機了解彼此。

確定這份歸屬感是對的

　　「無論我的一些白人教授思考多開放自由，無論同學怎麼試圖接近我，我還是覺得自己很像學校的訪客；我好像不屬於這裡，」美國前第一夫人蜜雪兒・歐巴馬（Michelle Obama）寫下她在普林斯頓大學就讀的經歷。「他們好像都會先想到我是黑人，接著才想到我是學生。」

　　我們都會經歷一段時期的自我懷疑，但是公司的少數群體成員在職場上容易感到被排擠。從邊緣團體來的每個人，不只是問自己：「我屬於這裡嗎？」甚至還會問：「我們這種人

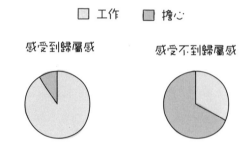

□ 工作　■ 擔心

感受到歸屬感　　感受不到歸屬感

屬於這裡嗎？」很多少數族群的專業人士承認要在職場產生認同感，會有很大的壓力。要符合主流的標準，同時也要推翻大眾對少數族群的刻板印象。「黑人男性通常都得聲明能管理自己的情緒，這樣其他人才不會用刻板印象看待他們，覺得愛生氣是黑人男性工作的一部分，」社會學家艾達‧溫菲德（Adia Harvey Wingfield）告訴我們。黑人與拉丁裔女性常常在講話時，費盡努力避免口音，或者避免使用俚語。

好像你必須不斷地在職場中塑造你的工作認同，這種感覺好累。若你不是少數族群，研究結果顯示，你可能低估了這種受到孤立的感覺。少數族群無法表明自己在職場或個人生活中所遇到的偏見，這種孤獨的程度可能是非少數族群的兩倍——而且也會在一年內就離職。研究也顯示，弱勢背景的黑人員工努力工作只為成功，他們的壽命通常往往較短——這可能是因為他們承受這樣的壓力，只為適應這種不被接納的工作環境。

這些動盪不安表示許多人在職場中默默承受巨大的情緒負

擔。在2016年夏天，曾發生一起警方槍擊案。技術主管莉亞．麥格文哈爾（Leah McGowen-Hare）在他人面前表達內心的沮喪時會感到很不自在。「我當時沒辦法保持鎮定，而其他人卻假裝沒發生任何事情一樣，我不得不衝進洗手間，」她回憶起，「在那裡，不存在任何一絲對黑人朋友的同情。」

多元化訓練課程，尤其針對「多元化」一詞廣泛定義（例如，「思想多元」），並不是萬靈丹。事實上，這些課程通常會變成少數族群另一種情緒壓力的來源。在面試裡，黑人員工告訴艾達，在表達情緒的機會上，一點也不平等。「白人員工可以自由表達對種族的偏見，」她告訴我們，「但是黑人同事對於情緒表達卻不自在。這種訓練課程也只是變成少數族群的同事們隱藏情緒的另一個地方。」情緒表達的不平等常常發生，尤其是把多元性訓練課程當做是一次性的嘗試，並試圖以此導正不健全的情緒文化。「公司不能一味要求信任感，」

多元化＋包容專門小組

情緒勞動

你是不是經常謹慎思考用字遣詞，只為確保沒有語帶威脅？你老闆沒說什麼建設性的話，我們的反應也只是點頭微笑，這樣的頻率有多高呢？早就數不勝數了吧。這兩種都是情緒勞工的形式，我們通常會為了達成工作上的情緒期望，而做出這種隱形且無報酬的工作。情緒勞動通常包含表面行為，或表達我們不真實的感受。作家賽斯‧高汀形容這種情況就像是「當我想尖叫時，選擇聆聽」。表面行為非常消耗心力；經常這樣做的人通常更容易感受壓力，最終會心力交瘁。

雖然我們在職場上多少都會表現出情緒勞動，為了不讓自己看起來帶有威脅或同情，女性和少數族群會比一般人更有壓力。在大學裡，學生通常將女性教授的辦公時間做為「懺悔時間」，並且往往會依靠她們來尋求情緒上的支持。The Toast 網站專欄作家潔思‧茲默曼（Jess Zimmerman）認為女性應該開始開價，並將「緩和男性的自我意識」（100 美元）以及「假裝他很迷人」（150 美元）列為收費服務。科技公司文案人員娜蒂雅向 The Outline 網站說，她最近在工作中為了謹慎用字，就耗盡她大半心力。「我在團隊裡面是最年輕的，我是一名女性，而且還是黑人，」她解釋道。「我會觀察其他人說話，心想，『天哪，如果是我講出這些話，大家會嚇死吧。』」

Patreon資深工程部經理艾莉卡・貝克（Erika Baker）說道。「信任感是贏來的。」

那我們該如何打造一個讓所有人感受到歸屬感的工作環境呢？首先，承諾在各階層中建立多元團隊。當每個團隊的每個人都能被看見，也獲得管理階級的人支持，就不會有人懷疑自己在團隊的必要性。在2018年的春天，美國猶他州一間軟體公司Domo在公司總部附近設立了六塊告示牌，上面寫著「DOMO 💜 LGBTQ＋（其他所有人）」。在Domo公司高層聽了被當地保守社區排擠的LGBTQ（同性戀、雙性戀、跨性別、酷兒）和每個人的故事之後，決定發起這樣的宣導。「我們必須確保我們的工作環境歡迎每個人，包容每個人，」執行長喬許・詹姆斯（Josh James）寫道。

第二，探討歸屬感干預手段。在一項研究中，史丹佛大學教授貴格・華頓（Greg Walton）讓一群非裔美國大學新鮮人閱讀文章，文章是三四年級的學生寫下自己剛上大學時，感受到煎熬情緒的過程。「當我來到這裡，我以為我是唯一一個被遺忘的人，然而每個人都成功克服了。我也走過來了。」接下來的三年裡，這樣的干預方式，縮小了白人學生和參與干預計畫的非裔美國人的GPA成績差距。這種類似的干預方式也在學校熱門的工程選修課程裡，消除了兩性之間的GPA成績差距。

最後，建立情緒規範。鼓勵少數族群聊聊內心的感受。在2016年夏天發生那起警方槍擊案後，國際會計審計專業服務公

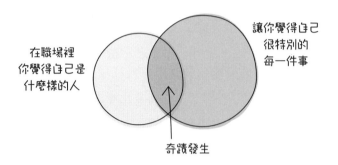

在職場裡
你覺得自己是
什麼樣的人

讓你覺得自己
很特別的
每一件事

奇蹟發生

最初的認知

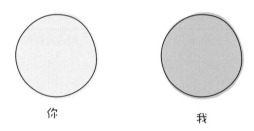

你　　　　　我

分享故事之後

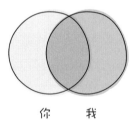

你　　我

司PwC讓員工分成小組，並公開討論種族問題。一名非裔美國高層主管形容他的西裝制服就像他的斗篷：當他穿上制服，他是一個好人，一旦他脫掉了，他好像立刻就被視為威脅。PwC董事長提姆‧萊恩（Tim Ryan）和少數族群發起人及人才管理部主管伊蓮娜‧理查斯（Elena Richards），討論他們從影片對話中了解什麼，並透過社群媒體鼓勵員工繼續和大家分享故事。「討論這些艱難的話題，通常都會假設這是社群領導人、政治人物或社會運動人士的責任，」萊恩寫道。「但是我們每天有大部分的時間都待在辦公室裡，我希望他們可以在工作中展現完整的自己。」

如何確保每個人感受到歸屬感：

- 了解每位成員來自不同群體，面臨不同挑戰。「我們先從性別來分吧」，這在為員工建立文化歸屬而言可不是個好方法。在職場討論有關女性的話題，通常會著重在白人女性，而忽略其他少數群體的女性。

- 記住，這絕對不是「不是你的問題」。CNN內容策略專員卡麥隆‧賀福（Cameron Hough）寫道：「沒有一個邊緣化的團體曾經成功地為自己發聲──獨自發聲──來促成改變。」許多在個人生活中較為激進的人，通常在職場上會比較得過且過。若團隊裡有人

說出讓人挑眉的偏見，但並不是針對你，請發聲吧，或者將他拉到一旁溝通。若我們被目標族群以外的人指正，通常會有罪惡感，或為自己帶有偏見的言論道歉。

- **聆聽被忽略的聲音**。派蒂・瓦朵在每場會議都會詢問參與者希望可以聽聽誰的意見，或怎麼邀請對方融入溝通。「即使對方不在這場會議，這種方式可以照顧到每一位同仁，」她與我們分享。

- **多問幾個問題，而不是立刻解決問題**。除非聆聽，除非表達同理心，否則你不會了解對方的立場。「因為你想要改變你的想法，想要被他人說的話所打動，所以先將自己的想法擺在一旁。」美國信託投資公司Ariel Investment總裁米洛迪・霍布森（Mellody Hobson）說道。「當你多問幾個問題後⋯⋯負面情緒便緩和了。」你的直覺可能是想要立刻解決，好像這個問題只是一時的情緒衝突。但實際上，這些通常是結構性問題，而非人際問題，

- **盡自己的力量**。霍布森建議，有多少權力，就做多少事。若你是主管，開啟一場溝通，為團隊訂下提問的規範。若你是成員，多認識一些和你不同背景的同事。

　　更多關於性別和領導力的資訊：我們推薦米洛迪・霍布森在TED的演講「別讓不同膚色遮蔽你的雙眼」（Be Color Brave, Not Color Blind）；艾達・溫菲德教授和琪拉・班克絲教授的研究和著作；貴格・華頓的著作《The Belonging Guide》；企業管理顧問公司Paradigm針對多元化與包容性的研究白皮書；種族平等非營利組織CODE2040網站、美國社區中心Kapor Center網站，以及提倡女性職場平等企業Catalyst的網站相關資料。

給你帶得走的好建議

1. 善良待人；情緒會傳染，也就代表你的一舉一動會為整個公司情緒文化帶來正面影響。

2. 透過小動作來建立歸屬感文化：說聲「嗨」，邀請大家加入談話，或者帶新同事認識大家。

3. 和同事分享你的生活，而不只是分享你的工作，讓大家也一起分享他們的生活。

4. 不要輕忽你同事承受的文化負荷。

這世界太瘋狂，但我會陪你

第八章

這樣工作，領導有力

選擇性脆弱：

關於分享感受你怎麼說出來很重要

領導人的生活

又一樁悲慘事件來拜訪你嘻

在寬敞的會議室裡，拉茲洛‧博克（Laszlo Bock）坐在沙發上聆聽最後一位成員報告她在召集小組的工作進度。接著輪到拉茲洛。「上個星期，我哥哥突然過世了。」

拉茲洛在Google帶領人資部門十餘年，他創辦了Humu並擔任執行長，Humu主要技術是利用機器學習來改善我們的工作環境。在2017年8月的某個早晨他接到一通電話，傳來他哥哥的消息。聽到這則緊急訊息，他立刻放下手邊一切，飛到佛羅里達陪伴他的家人。

一星期後拉茲洛回到加州上班，他決定告訴他的成員關於他哥哥過世的事情。「我必須澄清接下來幾個月我可能會出現的狀況，」拉茲洛告訴我們。「我知道，若我不這麼做，我會因為工作少了些專注力而自責。這群同事辭掉上一份很棒的工作，選擇和我共事，而三個月後，我好像感到自己打破了我和他們之間無形的約定。」

當拉茲洛說出口後，員工們紛紛圍繞在他身旁。雖然每個人反應不一樣——有些人不再追問，有些人則是常常詢問他和他家人的狀況——每個人用不同的方式支持他。「這讓我上班心情輕鬆多了，」拉茲洛回想道。「我鬆了一口氣，認真工作，偶爾壓抑自己的情緒，我也知道他們會了解我這麼做的原因，他們可以接受的。」他的脆弱創造出這樣一個工作環境，大家可以分享、支持彼此。幾個月後，拉茲洛看到一位同事躊躇於和他人傾訴。「我不想增加你的負擔啊，」那名同事說。

她的同事回答，「你願意分享，就不會是負擔。」

選擇性脆弱

在公司裡具有影響力的人物利用自己的平台示弱，拉茲洛並非第一人。他也不是第一個意識到卸下防備有哪些價值的執行長。蘋果公司執行長提姆·庫克（Tim Cook）喜歡在午餐時間隨機和員工們一起用餐。賽門·西奈克（Simon Sinek）在廣為人知的TED演講〈為什麼優秀的領導者讓你感到安全〉（Why Good Leaders Make You Feel Safe）中提到，命令和控制管理——利用支配來獲得結果——這方法已經過時。關係型

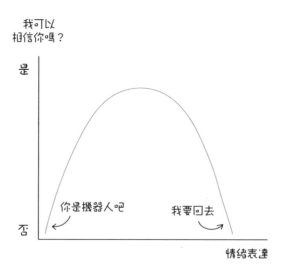

領導風格擁有情緒優勢以及金錢優勢。研究顯示，我們的大腦
會對具有同情心的主管產生較正面的反應；當我們感覺與某位
領導人之間有所連結，我們會試著更努力，也就會有更好的工
作表現，更加善待同事。

　　脆弱很重要，因為我們很擅長挑錯，尤其是挑領導人的
錯。當領導人表達情緒時，員工的心中早已質疑起領導人的真
誠度。但如果領導人從不表達任何情緒，尤其當公司進行一波
裁員，或當公司營運不佳時，那麼領導人和員工之間的信任度
就不復存在。我們擁有意想不到的能力來接受他人的情緒。史
丹佛大學教授詹姆斯‧葛羅斯（James Gross）的研究顯示，當
有人感到沮喪卻避而不談，而我們處在這種人的周遭時，我們
的血壓會上升──即使我們根本沒意識到對方在生氣。

我的肢體語言？我跟你說，我沒事啦

　　領導人面臨的問題在於，當身處在公開透明的情況時，比起我們，領導人必須想得更遠、更多。揭露太多（或說「職場資訊大爆炸」）可能會削弱別人對你的尊敬，開始質疑你的工作能力。研究學者發現，分享個人生活的同時，也暴露自己的弱點，會破壞領導人的權威（若是和同儕分享，並不會在聽眾群中引起這樣負面的回應）。

　　分享，可以建立信任；過度分享，又會破壞權威。到底界線在哪裡呢？我們第七項職場法則就是：**選擇性脆弱**。本章會說明，如何在坦露自我的同時，又優先為自己和同事維持情緒穩定和心理安全感。我們的目標是讓你不再痛苦糾結著說話的內容，或者說話的時間點。

　　如果你認為自己不是領導人，想要跳過本章，請先再三思考。領導力是一種能力，不是角色。你會影響周遭的人嗎？他們想做決定的時候會找你幫忙嗎？臉書產品設計副總裁卓裘莉（Julie Zhuo，音譯）寫道，「無論角色為何，每個人都能展現領導力。想像一下，當百貨商場內的龍捲風警鈴大響，店員心平氣和引導顧客至逃生口」，或是再想想「獨立貢獻者（individual contributor，擔任公司中不隸屬於任何團隊職務的人）遇到重要客戶的抱怨，他也能跨部門協調，提供解決方法」。無論你正式的工作職稱是什麼，在某些時刻，你幾乎也是一位領導人。

管理其他人的情緒

要成功從獨立貢獻者的身分，轉移成團隊領導人，需要相當程度的轉變心態。除了管理自己的情緒，也需要幫助別人管理並有效表達他們的情緒。

如果你是團隊外成員，有人帶著淚水向你求助，你可以借出自己的肩膀讓他哭一場，接著再回去工作。但如果你是領導人，你需要替對方思考下一步該怎麼做，無論是職場交情或者私交。你要懷有同情心，但仍然客觀評估整個情況。

不要告訴對方該感受什麼。試著不要說出「別生氣」、「那不是針對你」、「會沒事的啦」（且絕對、絕對不要說「我們」，例如「我們都覺得你該早點來……」）。如果有人情緒激動，試著先了解他的情緒從何而來。你可以問，「現在做什麼事可以幫得上忙？」《徹底坦率》作者金·史考特指出，「你已經知道該怎麼回應帶有同情的情緒。你每天的生活都是如此。不知為何，在職場上，我們總是忘了這些基本事。」別讓你的成員瞬間為自己的沮喪而沮喪。

不要胡扯。富有同情心的主管跟爛好人是不一樣的。當你知道問題發生了，你能利用報告來做決定、討論溝通、設定目標。你可以簡單地說，「我不滿意你的成果。這是怎麼回事？」若你讓對方在這幾個月來的工作表現欠佳，但什麼也沒說，甚至好幾年來都如此，那你是一位不夠格的主管。

傾聽。這聽起來很基本，但是這絕對需要一提再提。賓州大學華頓商學院教授亞當‧格蘭特最常遇到的問題即是，當你並不對事情負責，如何讓對方採納你的建議。「這些問題不是領導人提出來的，」格蘭特提到。「這些基本問題是由成員提出來的。」傾聽會幫助領導人了解問題來源，或強烈的情緒。哈佛大學商學院教授比爾‧喬治（Bill George）告訴我們，「我們在哈佛商學院中教授的內容，有 90% 到 95% 都是知識（情緒的相反面）。我們教職人員不太喜歡學生在個案研究中探討情緒動機，例如，『這個人為什麼要做出這種事？為什麼會發生這種事？』其實我覺得學生在念商學院的這兩年，我們都用錯了方式。」

個人管理。研究學者馬克思‧伯金翰（Marcus Buckinham）在調查大約八千人後，他最大的洞見是，「一般主管玩跳棋，優秀的主管玩西洋棋。」在跳棋裡，每一個棋子都一樣。但要贏得一場西洋棋比賽，你需要了解每一顆棋子的強弱。你的報告不會適用於每項任務，或是以同樣的方式感知到各種狀況，所以個別管理是很重要的。

提供一條追尋之路

優秀領導人在評估狀況時示弱，但同時也會表明有一個

明確前進的方向。傑瑞‧克隆那（Jerry Colonna）先前是一名風險投資家，他透過由他共同成立的Reboot顧問公司，漸漸成為許多企業家愛用的教練（他被稱為「了解執行長語言的人」）。傑瑞給我們舉了一個例子：「讓我們想像你是新創公司的執行長，這時錢快燒光了，但又快要到下一輪募資時間。你內心可能很惶恐。現在想像你走進會議室，十二名員工坐在裡面。你若說：『我很惶恐。』這方法根本毫無用處。比較好的方式是，『我很害怕，但我仍然很相信——你們、我們的產品、我們的使命。』這兩種方法都包含你內心真正的感觸，」傑瑞說道。但是這一句「相信我們的產品」正是表明了一條明確的指引。這是一種解決工作問題的承諾，儘管包含了種種情緒。「領導力需要的不只是真實。它也需要管理並撫平自身的焦慮，這樣才不會影響他人跟著擔驚受怕。」

辛蒂亞‧丹納赫（Cynthia Danaher）很早就知道，把情緒凌駕在行為之上的危險性。在她被拔擢為惠普公司醫療產品事業群的總經理後，她告訴底下五千三百位員工說，「我想要做這份工作，但是太可怕了，我需要大家的幫忙。」在1999年那時候，揭露她內心真實的感受很合乎情理；但是現在，這則記憶讓她非常恐懼。辛蒂亞在《華爾街日報》採訪中提到，她希望她當時給予大家的是企業的成長目標。「大家都說，他們希望領導人跟他們一樣，也會有脆弱的時候，但是其實內心深處都相信你可以解決他們做不到的事。」（當然，性別也大幅

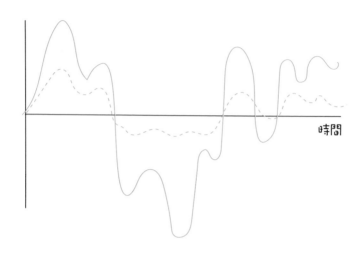

── 領導人如何感受
-- 卓越領導人的表達方式

時間

影響辛蒂亞接收到的負面反應──這部分我們會在下一段詳述。）

「擔任領導人很重要的其中一項，即是了解你周圍的人能承載多少，」拉茲洛告訴我們。「你不能給予員工超出能負荷的，或者期望他們總是為你撐著。」我們一位朋友說道，「優秀主管能夠『屎來將擋』。當壞事發生開始散播，優秀主管會用盡辦法保護成員，不讓他們的情緒深受影響。」

另一個運用「脆弱＋明確道路」公式的方法，就是問問自己，「要怎麼實際又樂觀？」企業轉型國際顧問公司The Energy Project執行長東尼・史瓦茲（Tony Schwartz）形容，實

這沒什麼。在我之前的工作喔，我屑臍扛的全是老闆的情緒

際的樂觀就像是面對並處理困難的同時，又對自己的團隊能力有自信和信念，相信他們可以做出一番振奮人心的好成績。

在接下來的內容，你會發現一些額外的小撇步，讓你練習如何展現選擇性脆弱，也提供明確前進的指引。當然，卓越主管需要的不只這兩項（他們還得定義策略目標，明確溝通，擅長必要的技能），但我們會著重在情緒行為上。

在表現選擇性脆弱的同時，又提供一條明確的指引：

- **想想自己是誰**。當情緒激動的時候，優秀領導人會按下暫停鍵。與其立刻做出反應，他們反而會先問自己，「我究竟感受到什麼？為什麼？這個情緒的背後需要什麼？」一般主管會馬上回答「我被這專案煩死了」，但

工作報告的情緒雲霄飛車

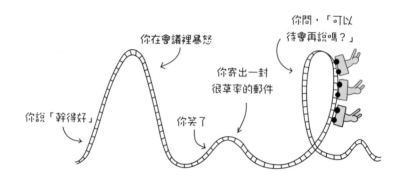

你在會議裡暴怒

你問，「可以待會再說嗎？」

你寄出一封很草率的郵件

你說「幹得好」

你笑了

卓越主管會去了解這位同事焦躁不安的根本原因，是對於即將到來的截止日感到焦慮。了解原因後，她回到團隊裡，將事情安排就位，確保工作能準時完成。

- **調整你的情緒。**《徹底坦率》作者金·史考特回憶某天早上，她的報告提醒她，「當你走進那扇門，你會知道你今天會是什麼樣的心情。」管理情緒就跟管理成員一樣重要；你以為的無關緊要的言論或暫時性的壞心情，都可能毀了別人的一天。激動、壞脾氣的主管做事傷人，使士氣低落，這也是人們離職最大的原因。在一項實驗裡，員工面對脾氣乖戾的主管，都不太願意努力工作——尤其若他們不知道主管生氣的原因。相較之下，若一群主管知道在緊張場合時，控制自己的用詞遣字與肢體動作，研究顯示壓力程度會降

低30%。

- **說出感受，而不是讓情緒默默流瀉。**「老闆永遠不會
  有壞心情，這句話根本是鬼扯，」金‧史考特向我們說
  道。「最好的辦法就是應對它。告訴你的團隊：『我今天
  心情不太好，我正努力不要轉移到你們身上。如果我看
  起來心情不好，我確實是。但心情不好的原因不在你。
  我最不希望因為我的原因而毀了你一天的心情。』」

- **找個時間，先為自己想想吧。**自我管理，就好比慢火
  燉煮，而不是煮到燒焦。你的工作就是將螺旋管麵煮熟
  （要搗碎，拜託），同時間，又在燉飯上鋪滿溫火煨煮
  的蔬菜，撒上恰如其分的鹽。你也必須要拿捏好每個
  步驟的時間，確保每道菜搭配得剛剛好。這很累人是
  吧！試試看「舒茲時間」。美國前國務卿喬治‧舒茲
  （George Shultz）在每週會保留一個小時安靜獨處，
  只需要筆跟紙。除了總統和他太太，任誰都不能打擾。

- **若覺得被孤立，那就尋找支援。**維持選擇性脆弱可是
  很累人的；一半以上的領導人都表示自己在工作角色
  上很孤單。從讓你信任的同儕中尋求支援，聊聊個人
  生活或工作上遇到的問題。就像美國非營利教育單位
  「為美國而教」（Teach For America）的管理人莉茲‧
  柯尼（Liz Koenig）告訴我們的，「空空的杯子，什麼
  也倒不出來。」

- **當員工往前邁進了，別感到失落。** 這些員工到了另一間公司，也許會維持珍貴的情誼，甚至會再回來。人類學家伊蓮娜・葛珊（Ilana Gershon）認為優秀主管會跟新進員工這樣鼓勵。曾有一位主管告訴葛珊，她在新員工報到後一週內，會邀請他們吃頓午餐，並對他們說，「你不是為我工作，是我為你工作……我的工作就是確定你可以發展所長。到了某天，你會離開這份工作……當你離開了，我希望我在這裡可以幫助你邁向下一步。」例如，管理顧問公司麥肯錫（McKinsey）和國際會計審計專業服務公司安永（Ernst & Young）為員工建立了校友制度，成為大家尋求和轉介新事業的最佳資訊來源。

當你的主管什麼也不會管

歡迎來到地獄

首先，我指派一位什麼都管的人給你

如果你主管平庸無奇的想法以及未經思考的反應只會讓你的工作愈陷愈糟呢？因為你不可能為此挑起戰火，最好的策略就是向上管理。

- **勇敢說出來……小心翼翼地**。若你覺得主管可以接受成員的建議，那就試著讓他知道他的情緒會帶給你什麼影響。心平氣和地說出你注意到的一個具體行為，並詢問你該如何改善這種情況。舉例來說，假設你的主管在你每次需要求助的時候都給你一桶冷水。你可以試著說，「我注意到，每次我上前請教你問題，你好像會生氣。是不是有更好的方法可以請教你呢？」主管通常都不知道自己的反應會造成什麼影響，因為他們太忙了，他們沒時間回想，或為自己負面回應道歉。我們一位朋友茱莉亞‧拜爾（Julia Byers）是一名有證照的社會工作者，她說，「若某天早上你在走出門前，跟你的夥伴意見不合，你的夥伴可以稍後再傳訊息給你，說聲『對不起，我是很愛你的』。但在職場上，你老闆才不會傳訊息給你咧。」
- **別陷進去**。研究學者尚恩‧安柯（Shawn Achor）和蜜雪兒‧吉蘭（Michelle Gielan）建議我們，面對疲倦不堪的主管所給的負面反應，試著保持中立看待。「與其帶著這種情緒，也回敬你的同事這種無聲壓力，面帶愁容，」他們寫道，「不如帶著笑容，點點頭地回應。」若你和主管在開會，語

氣保持正向。若你說，「今天和你開這場會，收益良多」（當然，你要真誠地說，不是語帶諷刺），那麼，你老闆也很難在這種正向的氣氛中回你一句，「我非常不爽。」

- **安排時程要察言觀色。**觀察你老闆情緒的型態。在每週四打電話給討人厭的客戶之前，他的壓力是不是特別大？是不是喝完第二杯咖啡之前都不要打擾她？若你清楚老闆什麼時候會特別焦躁，什麼時候特別忙碌，那就安排其他時程。莫莉曾有一位主管每天早上都很暴躁，所以莫莉在早上十點之前都試著不去打擾他。

- **保護你的自尊。**除非你可以輕易地分辨你做的事情惹到你老闆，不然不要假設你老闆的壞心情是你造成的。也就是說，我們確實很容易以為事情是自己造成的。要確實保護你自己。自信心和職場朋友可以讓你更容易面對老闆的壞情緒——想像他們就是情緒防彈衣。自尊心也能提醒你自己，在你老闆讓你失望的時候，你仍相信自己的能力。記得微笑資料匣（在第六章我們曾提到，設定一個讓你心情好的資料匣），可以在你需要的時候，提振你的心情。

- **如果什麼也沒用，往下一步邁進吧。**若你主管真的讓你的工作生活一團糟，你又不能換部門，那該是時候尋找新工作了。有句話這麼說，「我辭掉的不是工作，是主管。」

不一樣的領導風格

　　哈佛大學商學院教授比爾‧喬治分析超過一千個領導力案例，他發現沒有所謂最好的管理方式。因為成為優秀領導人的關鍵，其實和特定的個人特質無關。而是和EQ有關。

　　「每個人都能改善EQ，」比爾‧喬治告訴我們。「關鍵在於自我意識。你需要深切了解你在這個世上的身分。」在本節中，我們要介紹不同類型領導人面臨的困難，以及如何解決這些問題。再次強調，我們的出發點並不局限在個人──性別、種族、年齡、文化，和其他外在階級（更不要說道德感、宗教、性取向和社會階層），這些因素可以複雜的方式交互影響，並塑造身分與認知──而在將一些經驗化為情境或語境說明。

性別

　　女性領導人為了避免自身太情緒化，或者避免自己毫無情感地領導團隊，通常會為此感到壓力。我們聽過一些關於資深女性員工的故事，她們的主管教她們在會議當中要更「慎重」。但是研究顯示，當女性在組織內升遷，他們的同事會開始認為她們變得沒有以前友善，也變得不好親近，甚至好與人爭。

　　女性領導人如何取得適當平衡？首先，在升遷的時候，別

茱莉亞，謝謝你，
但如果要讓我完全相信你的看法，
我得聽聽約翰重述一遍。

因為自己的決策和直截了當的做事方式感到不好意思。說話要有自信，清楚明瞭。與其問：「你有沒有可能在明天下班前交出一頁備忘錄？」還不如試著說：「客戶明天下班前需要這份備忘錄。你可以在這之前完成嗎？」你的團隊會很感謝你這麼清楚的指示，也會很開心看到他們的主管正努力確保事情不會開天窗。

但是女性領導人也不要因為某些情緒表達，而感到不好意思。莫莉之前有一位主管公開表達她對團隊表現的感激，這帶給團隊很大的動力。情緒是很有效的工具，可以凝聚並鼓勵團隊。「不要扼殺你的情緒或你的野心」作家珍妮佛・帕爾米耶里（Jennifer Palmieri）寫道。「我們花了好幾百年打造這座職場，制定規範，確保工作環境讓每個人都感到舒適。而職場也是根據每個人的特質和技能而磨合。就像任何好客人，女性會一直尋找我們在異鄉中如何表現的線索。我們的直覺都認為，

在這個世界，我們要服從，要在壓力之下保持冷靜，要努力工作，要永遠審視自己的情緒。」但現在世界不同了，我們需要的是領導人調整好自身情緒——以及團隊的情緒。「用平等的方法看待我們的本質和才能，我們一起迎接這種工作的新方式吧，」帕爾米耶里敦促道。

有自信

有進取心

　　男性領導人在付出同情心時也能受惠。《EQ：決定一生幸福與成就的永恆力量》（*Emotional Intelligence*）作者丹尼爾·高曼（Daniel Goleman）的研究發現，當發生問題時，男性的大腦通常會關掉情緒，並開始著手解決問題。男性在危機期間，習慣隔絕其他人的負面情緒，但這讓他們周圍的人處在尋求情緒支持的時候，感到迷惘又無助。多項研究顯示，高EQ的主管工作能力較佳，無論男女皆是。

很可惜的，我們還是必須要強調：對同事一視同仁。不要只和男性同事討論工作，只和女性同事討論家庭問題。要確實獎勵女性優秀的工作表現，即使她們並沒有和男性一樣常常要求升遷或加薪。要用同樣的尊稱稱呼每位同事；在醫療會議中，男性介紹男醫師的時候，通常都會稱呼對方為「某某醫師」（叫他的名字），但是介紹女醫師，卻只會稱呼她們的姓氏。

更多關於性別和領導力的資訊：我們推薦珍妮佛・帕爾米耶里撰寫的《Dear Madam President》，泰拉・摩爾（Tara Mohr）的著作《姊就是大器》（*Playing Big*）以及喬安・利普曼的著作《That's What She Said》。提倡女性職場平權的網站Catalyst和LeanIn.Org，以及美國管理諮詢公司麥肯錫年度女性職場報告等，都有相當豐富珍貴的資訊。

當女人彼此互相為難

你希望你主管是男性還是女性？在調查中，超過一半女性回答希望主管是男性。即使女性自身是主管，通常還是希望自己的主管是男性（男性同事也希望主管是男性，但是幅度較小）。問起原因，有些女性表示不希望再為另一名女性工作，是因為擔心她會太「情緒化」、太「陰險」或太「賤」。

美國《大西洋月刊》專欄作家歐嘉・卡贊（Olga Khazan）描

述了她和幾位女性的訪談，其中她們都曾經被男性和女性暗中陷害，但是「感覺卻有些不同——那感覺更糟——尤其當主事者是女性，本來應該是你的盟友」。卡贊其中一位導師跟她說，她把「她以前的女性主管分為『火爆女郎』跟『優柔寡斷女』兩類。她說她寧願跟男性一起工作，因為男性比較直率。『跟女性工作，某部分會評斷我的能力，某部分又會評斷我是不是她們的朋友、夠不夠友善、有不有趣。』」

領導機會的缺乏會讓女性認為她們必須要互相競爭——年輕又有野心的女性員工就彷彿是一種威脅。研究顯示，對工作職涯樂觀的女性比較不會去傷害其他女性。「我們需要改變社會，建立一種規範，讓女性看到其他女性在各種角色上成功的表現，」心理學家蘿瑞·魯德曼（Laurie Rudman）寫道。

種族

　　研究顯示，我們通常都會將白人視為管理階級的人，這在公司晉升過程中會造成偏見。就拿高階主管教練玄珍（Jane Hyun）創造的「竹子天花板」這個詞來比喻：亞裔美國人通常比一般人更容易拿到大學學位，其中有五分之一的人是商學院中的菁英，但是《財星》五百大執行長名單中卻幾乎不見他們。少數族群通常都認為，若要大家看見他們，就必須做起來像、看起來像，也聽起來像白人男性。「對許多黑人專業人士

來說，要待在領導職位，可能有情緒上的挑戰，」社會學家艾達·溫菲德告訴我們。尤其當你在公司組織裡是第一位少數族群代表的領導人，在你和白人相處的時候，你也許就會局限自己的開放程度，以避免危害到個人信譽。

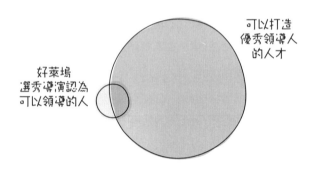

性別和種族交互影響，為女性少數族群創造出獨特的劣勢。黑人女性的領導人會因為犯錯而遭到不成比例的懲罰。拉丁民族女性領導人通常都被認為過度情緒化：「總是跟我們說，『冷靜一點。你一定要冷靜下來。小心你的用字遣詞，小心你的手勢』，」一名拉丁女性高階主管這麼說。

導師可以協助少數族群領導人為自己保持正向思考，並給予他們最真實的回饋。和那些擁有類似困境的人聊聊，給予情緒上的援助，就可以減少懷疑自己能否成功。但是，當然，很難找到這樣一位導師，能為你感同身受，因為並不是那麼多人和你一樣位居領導人的位置。非白人女性很難在公司裡找到導

師。這也是我們接下來要提到的重點。

如果你是領導人，請優先思考多元性。從2005年到2011年，八位黑人，十二位拉丁裔以及十三位亞洲領導人在《財星》五百大企業中晉升為企業執行長。但是在近年來這些數字卻下降了。少數族群執行長退休或被迫出走，由白人男性取而代之。一項理論表示多元化的推動已經停滯不前。當情況好像出現一些成功推動的事蹟，企業的各階層推動平等多元的壓力就漸漸變小。領導人必須持續評估他們能做的改變，來增加企業內部的多元性。

更多關於種族和領導人的資訊：我們推薦艾達・溫菲德教授、蒂娜・歐派（Tina Opie）教授，和Pinterest包容與多元性部門總監坎笛絲・摩根（Candice Morgan）的作品。另外，也可參閱非營利組織Project Include網站，以及企業多元及融合顧問公司Paradigm的部落格「Inclusion Insights」。

年齡

在歷史上也非比尋常的事情，就是老闆比成員還年輕——這會讓年輕的領導人感到不自在。賓州大學華頓商學院彼得・卡佩里（Peter Cappelli）教授表示，年輕的領導人可能會擔心，「我管不動比我老的人。」

退出角色的傳統觀念，這做法對各年齡層的員工和主管來說都很有用。那些年輕的領導人：放開心胸，保持自信，展現

成熟。別急著過度證明你身為主管的原因；話說太快，拒絕回饋，只會讓人覺得你很傲慢，也會加深你和團隊之間的分歧。「誠實面對那些資深的成員，告訴他們你懂或不懂的事，一同為計畫合作，用你的方式協助他們，」卓裘莉在她大學畢業幾年後就當上臉書公司的主管，她如此建議。

那些資深的領導人：你要知道年輕的成員會讓你跟上時代。健身器材公司SoulCycle執行長梅蘭妮‧惠蘭（Melanie Whelan）四十一歲了，她每個月都會和一名年輕的導師碰面，以幫助她了解「那些屁孩最近做了什麼」，年輕人會推薦她好看的書，哪個APP好用。這也不是新聞了。在1990年代，奇異（GE）前任執行長傑克‧威爾許（Jack Welch）把五百位高層主管分別搭配上年輕的員工，讓他們從年輕人身上多學學。

我聽說他現在跟千禧世代
（大約是七八年級生）
的人一起工作耶

內向人與外向人

雖然我們很快會先入為主地認為，優秀領導人一定是所向披靡的鎂光燈焦點，但是溫溫順順的人通常主宰了整個世界。

一些知名的領導人，包括比爾·蓋茲、股神巴菲特以及賴瑞·佩吉（Larry Page）都被形容為「安靜」、「輕聲細語」和「謙卑」的人。當員工在辦公室裡提供想法，內向型領導人能為公司帶來更高的利益。當經濟學家分析執行長的說話模式，他們發現領導人的保守態度和公司的營收呈現正相關。

但是內向型領導人也會面臨挑戰。領導人這角色是目光焦點，需要花大把時間管理和建立關係。內向型領導人若不好好規畫獨處時間，自我充電，就會很容易因此感到疲倦。但是這種獨處傾向（與網路世界隔絕）會讓內向人顯得孤僻，甚至無禮，還會有事業脫軌的風險。況且，關於晉升內向人為主管的偏見或許仍在：一半以上的高層主管認為內向人的領導力會是個障礙（雖然這項調查是在2006年發生，但六年後，蘇珊·坎恩〔Susan Cain〕的著作《安靜，就是力量》〔*Quiet: The Power of Introverts in a World That Can't Stop Talking*〕出版了，我們希望這有助於改善此狀況）。

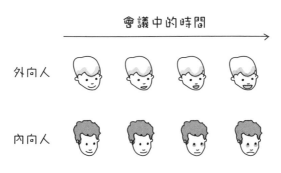

內向型領導人得以成功，是藉由大方談論自己的喜好，並盡量去克服自己總是想要獨處的習慣。但這不代表你不再獨處了——你的創意和你用來思考的安靜時刻也許正是你晉升為領導人的原因——可是這也代表你需要策略性地參與社交。別在公開談話場合中怯場。蘇珊・坎恩建議，「就純粹站在群體面前的這個行為，可以改變人們對你的觀感，他們會開始認為你是個領導人。」罐頭湯生產商金湯寶（Campbell Soup）前任執行長道格・康奈特（Doug Conant）給公司同仁上了一堂DRC（Doug R. Conant）執行長介紹：他向大家解釋他是個內向的人，以及這種個性如何影響他的工作風格。這個舉動幫他「在第一次和這些人工作的時候，很快地略過那些表面上的客套」。

內向人愈用心準備，促使自己更外向一點，事情就會變得愈容易。當內向人在沉默又安全的辦公室裡，先是透過郵件來管理外向人，外向人會得不到他們想要面對面的需求。他們感覺自己在球場上拿著球準備要進攻，可是即使發問或討論工作問題，都會打擾到他們內向的主管。內向型主管們，如果你的成員很外向，可以運用每天或每週一次的站立會議，讓他們知道他們有時間可以跟你討論工作。

外向型領導人：請注意你對MBWA的傾向，就是「走動式管理法」（management by wandering around, MBWA）。雖然你很擅長即興問答，但是我們向你保證，如果你能給內向型同事多一點時間思考你的問題，他們會很感激你。即使是路過

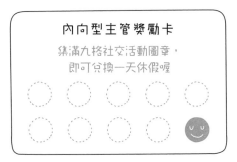

內向型主管獎勵卡

集滿九格社交活動圖章，
即可兌換一天休假喔

的聊天，對內向人來說也會深感疲憊。研究顯示，外向人處在
嘈雜的環境中，會有較高的工作效率，內向人則需要安靜的環
境。這有幾項撇步：若你提出一個困難的問題，就讓內向人隔
天再給你答覆。在你路過他們身邊時，要留心一下。若你一整
個早上都跟內向人開會，他接下來可能會需要一些空間。最
後，在私人空間進行一對一面談或邊走邊聊，也是不對的喔。

　　卓越領導人會為周遭的人帶來最好的工作環境——這代表
包含了內向人和外向人。「你的個性傾向，部分是天生，部分
是學習來的，」賓州大學華頓商學院教授亞當‧格蘭特說道。
「但是等到時機成熟，我們可以改變這種傾向，而這種改變我
認為是我們都會感到自在的方法……我想，最好的領導人最終
會是內外向兼備的。」

給你帶得走的好建議

1. 在評估困難的狀況時，展現脆弱，但同時要提供明確前進的方向。

2. 要成為部門成員的學生：不要告訴對方要感受什麼，要仔細聆聽，個別管理。

3. 優先考慮自己，從別的領導人身上尋求支援，以避免情緒傾瀉去影響到其他人。

4. 了解自己和他人在領導位置中面臨的困境，並一步步克服。

結論

　　大部分的我們長久以來認為，把感覺和工作攪和在一起會變成一場災難。我們寫下這本書，是為了打破這個迷思。你可以把情緒帶進職場，不會製造任何混亂，但是帶入的時機、前因後果和傳遞方式很重要。盡量別在你知道老闆壓力很大或很累的那天安排和她開會。在進行高難度對話時，冷靜表態自己的感受；不要提高音量，也別翻白眼。把溫馨和有趣的紙條留在一個資料匣，當你工作遇到瓶頸時可以回頭翻閱。這些方式都可以讓你的職場工作變得更好——而這些都圍繞著你的感受。只要你敞開心胸正視你的情緒，你會獲致成功（是指真正的成功，不只是用金錢和補貼來衡量）。

　　我們希望你明天去上班的時候，開始用更有效和更能實踐的方式去聆聽、學習並表達你的情緒（你可以把職場情緒七大法則當成小抄）。在職場上接收並談論情緒並不總是那麼容易。但只要你做了，你會發現你的感受不再是阻礙，而是你事

大家認為情緒化代表什麼

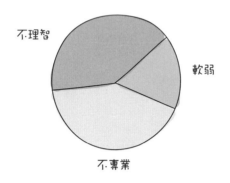

不理智

軟弱

不專業

其實它代表

你是人類

業道路上的指引。畢竟，期待和遺憾心態已經縮小了我們選擇的範圍並做出更好的決定。嫉妒的感受其實是反映我們重視的事情的指南針。感激和使命感讓我們在每個沉悶的星期一早上，帶著意志力走進辦公室。

　　若你在尋找更多可以更加了解或運用感受的方法，我們整理三種資訊給你：

- 隨手可得的參考資料，我們已經將每項「給你帶得走的好建議」彙整於下一個部分。
- 實用的情緒技能指南（包含情緒商數、情緒調整和情緒靈敏度）以及科學家詳細定義的情緒，會列在第273頁。
- 情緒傾向評估表，可於我們的網站中取得：lizandmollie.com/assessment。你也可以先在第283頁看到精簡版。

　　　　　　　　　　　　　　　好好感受你的感受！

　　　　　　　　　　　　　　Liz 和 Mollie

駕馭職場情緒新法則

呼——這本書也太多頁了吧。這裡提供兩則總結：

推特貼文總結：《我工作，我沒有不開心》是一本視覺化指南，教我們如何擁抱職場情緒，並真誠面對，自我充實——同時又不失專業喔。

有一點長的總結：《我工作，我沒有不開心》這本書附上超級有趣的插圖解說，畫出我們是如何表達職場情緒。書中提供許多建設性的方式，甚至讓你展現你的嫉妒心和焦慮，揭開網路世界的互動，描寫同事的溝通方式，最後讓你學會帶著最好的你去工作。

所有你帶得走的好建議

健康有力

1. 可以的話休息一下，無論去度假，休假一天，或是休息喘口氣。
2. 找時間耍廢散漫，見見朋友和家人，遠離你的電子郵件和手機。
3. 不要認為心情不好是壞事。轉個念頭，把壓力化為動力或激勵。
4. 避免陷入沉思迴圈，把腦海中的想法視為簡單的想法，而不是不可避免的真相。專注此刻，好好地處理控制範圍內的事情。

動機有力

1. 增加自主權，從時程表中做出一些微小改變。
2. 工作塑造：將工作朝向你喜歡的事物調整，讓你工作起來更有意思。
3. 鼓舞自己學習新技術。懂得愈多，就愈能享受你的工作。
4. 在工作中培養友情，是讓你期待工作的其中一項原因。

決策有力

1. 清楚了解傾聽你的感受，和因為感受有所反應是不一樣的事。
2. 保留相關情緒（和決策有直接相關的情緒）；丟掉非相關情緒（和決策無關的情緒）。
3. 在面試過程中不要仰賴情緒做決定。善用結構式面談，避免主觀偏差影響錄取決定。
4. 進行外部溝通之前，內心先達成共識。

團隊有力

1. 透過鼓勵團隊公開討論、放下優越感來為團隊成員解惑、勇於冒險與坦承錯誤等這些方式，來建立團隊的心理安全。
2. 面對衝突不要迴避。要條理分明，避免工作的衝突演變成私人恩怨。
3. 面對關係紛爭時傾聽他人意見，平靜分享自己的觀點。
4. 擺脫老鼠屎（如無法，就留著吧），以維持團隊的心理安全感。

溝通有力

1. 在高難度對談裡，冷靜處理你的情緒，不要做出假設。
2. 注意溝通方式，可以更加了解對方言談背後的意思。

3. 提供具體並能有所實際作為的批評。詢問對方接受批評的方式為何。

4. 在寄出信件或訊息之前，檢視情緒性字眼並複閱內容。

文化有力

1. 善良待人；情緒會傳染，也就代表你的一舉一動會為整個公司情緒文化帶來正面影響。

2. 透過小動作來建立歸屬感文化：說聲「嗨」，邀請大家加入談話，或者帶新同事認識大家。

3. 和同事分享你的生活，而不只是分享你的工作，讓大家也一起分享他們的生活。

4. 不要輕忽你同事承受的文化負荷。

領導有力

1. 在評估困難的狀況時，展現脆弱，但同時要提供明確前進的方向。

2. 要成為部門成員的學生：不要告訴對方要感受什麼，要仔細聆聽，個別管理。

3. 優先考慮自己，從別的領導人身上尋求支援，以避免情緒傾瀉去影響到其他人。

4. 了解自己和他人在領導位置中面臨的困境，並一步步克服。

有關情緒的更多參考資源

還是很好奇嗎？我們把職場中最常運用的情緒技能集中成一份指南：包含情緒商數、情緒調整、情緒靈敏度。但首先……

到底什麼是情緒啊？

心理學家貝弗利·法兒（Beverley Fehr）和詹姆斯·羅素（James Russell）描述得最適切：「在被問到情緒的定義之前，每個人都知道情緒是什麼。」情緒最顯而易見的部分就是臉部表情。若我們請你表現出「恐懼」，你可能會張大眼睛和嘴巴。但是，無論來自哪個地方或在哪裡長大的任何一個人，都能將你的表情解讀為「恐懼」嗎？

科學家分為兩派。第一派的人認為人類天生共享多種情緒，表達方式也相同。這一派的人把情緒視為進化本能中無法

改變的事物，促使我們想盡辦法生存下去。美國動畫公司皮克斯的電影《腦筋急轉彎》就是基於這樣的理論。電影裡面五位角色，樂樂、憂憂、驚驚、怒怒、厭厭，分別代表不同情緒，像是獨立個體般的住在我們的大腦裡，按著按鈕來控制我們的行為。

第二派的人提出科學證據，認為情緒並不是每個人都一樣，而是根據文化來學習並塑造的。心理學家和神經科學家麗莎·巴瑞特（Lisa Feldman Barrett）是這項觀點的關鍵擁護者，她向我們解釋，「情緒並不是你對這個世界的反應；它們是你的大腦創造意義的方式。」

假設你的心臟現在瘋狂地跳動。你是害怕還是興奮？若是老闆剛才寄信給你，「我們來聊聊你最近的工作表現」，你可能會認為你心跳加快是因為害怕。但若是你暗戀的人跟你說他也喜歡你，你可能就會把心臟撲通撲通跳的原因解釋為興奮（雖然這對莉茲而言是一種「恐懼」啦）。

巴瑞特解釋，「愛斯基摩人沒有『憤怒』的概念。大溪地小島的人民也沒所謂的『悲傷』。最後這項對西方人來說很難接受……何謂生活沒有悲傷？真的假的？當大溪地人民處在西方人所謂的悲傷之中，他們會傾向於不舒服、麻煩、疲倦或提不起勁，這些感覺在大溪地有個統稱的詞彙叫做pe'ape'a」。相對而言，西方人從小被灌輸「憤怒」和「悲傷」的概念。為何這麼重要呢？當你根據一個人的臉部表情來判斷他的情緒，

第一派：情緒無國界

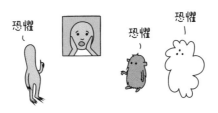

第二派：情緒是由文化塑造的

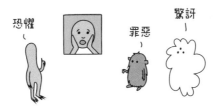

那種感知是來自於你，而非他人。根據巴瑞特的說法，我們可以在快樂的臉部表情中認知到「快樂」，是因為社會化，而非進化的緣故。

巴瑞特的研究也顯示，厭世臉，或又簡稱RBF（resting bitch face，根據俚語辭典的定義：一個人，尤其指女生，其臉部表情通常呈現一副厭世的樣子），其實並沒有真正的「厭世」。在2015年《紐約時報》的報導中，女性為了避免自己有一副厭世臉，紛紛跑去整形。「當你看著某人的臉，你好像在閱讀他的情緒，」巴瑞特告訴我們。「但這是因為你是根據過

往經驗來解讀他的情緒。其實這些臉部表情都是中性的。你看到一張厭世臉，那種感知是來自於你。」所以，下次有人再提到厭世臉，你就可以糾正他們：「那表情再正常不過了。」

日復一日，面對情緒：情緒的三種核心技能

這裡提供三種核心技能，幫助你了解並有效表達情緒

情緒商數

情緒商數（EQ）是一種認知、了解並表達自己的情緒，同時透過同理心來處理關係的能力。員工 EQ 愈高，愈擅長團體合作，管理衝突，並做出更周全的決策。心理學家丹尼爾‧高曼警告，若沒有 EQ，「你不會留心去注意保護你事業的最後一道防線。」

EQ 並不包含與你面對的每個人分享每一種感受。高 EQ 的人會引導和過濾情緒，幫助他們提升效率。這時候你需要：

工作清單

☑ 檢查簡報
☑ 研究
☑ 寫下備註
☐ 寄信給客戶
☐ 安排會議時間
☐ 認知情緒
☐ 了解情緒
☐ 有效表達情緒

•**認知**。莫莉起床後感到焦慮。她並沒有壓抑（或表達）這份情緒，她只是允許自己感受並

觀察這樣的焦慮。

• **了解**。莫莉了解到她緊張的原因是因為書籍快要截稿了。莉茲在進行章節草稿，但是好幾天沒有寄信給莫莉了。

• **表達**。那天早上莫莉傳了一封輕鬆的訊息給莉茲。「哈囉！」她寫道。「我相信你一定快要完成了——但你也知道我嘛——對於截稿日老愛操心。我會尊重你的進度，但是你覺得我們今天下午可以一起再看一遍章節內容嗎？」幾分鐘過後，莉茲回覆了，「當然好！我不是故意要讓你焦慮的，」這時候緊張的情緒已經從莫莉的肩膀上卸下。

情緒調整

關於恐懼的研究，反映出我們認為公開談話比死亡還可怕。舉例來說，你明天要在五十位同事面前做簡報。你心裡的焦慮讓你說話字字都在顫抖，冷汗直流，甚至動彈不得。

調整情緒的能力可以視為是一種生命（或工作）救星。你可以管理你想要經歷的情緒，你想要什麼時候經歷，以及你該如何反應。即便情緒帶著有用的訊號，但情緒也會傷人，或來錯時間，或來得太快太急。有三種常用的方法可以規範情緒：重新評估（重新定義你看待情況的方法）、抑制（主動轉移注意力以避免情緒），以及控制反應（忍住不笑或深呼吸，使自己冷靜下來）。

假設你是上述對於公開談話感到焦慮的人。若你常常練習，便

能建立信心，減少報告過程中的焦慮（還有減少你必須規範的
情緒）。若你熟記簡報前面幾句開場白，你就能毫不畏懼地開
展這場報告了。

情緒靈敏度

> 莉茲：我和我的夥伴有一項規定，若我們其中一人
> 不順心，就會告訴對方。例如說，若我今天很煩躁，
> 我會說，「我現在很暴躁，但跟你沒關係——我覺
> 得大概是截稿日快到了，或天氣潮濕吧。」這樣一
> 來可以避免這種暴躁情緒讓對方誤以為是他造成
> 的，這樣只會讓我更困惑、更煩躁。

在工作中，我們會發掘一連串的情緒。有些情緒很正向，有些
很負面棘手。心理學家蘇珊‧大衛（Susan David）建議我們，
不要藉由肯定自我和待辦清單，來分散自己對這些棘手情緒的
注意力。你可以直接與這些情緒脫鉤。這不表示要忽略這些情
緒，而是去正視它們，讓它們的存在不會左右你的整體情緒。
以下有四個步驟讓你可以從棘手的情緒中脫離：

1. 察覺這些棘手情緒

假設你現在在一個專案小組裡，其中一個成員在工作截止日前

提出了大變動。你開始不爽了。與其賞他一巴掌，你不如先暫停一下，留意這種情緒。

2. 貼上情緒標籤

情緒粒度鳥

我沒憤怒啦，我只是很失望

描繪複雜情緒，分辨開心、滿意或害怕，這些能力稱為情緒粒度（emotional granularity）。情緒粒度和更細微的情緒調整有關，在壓力底下產生情緒爆發的可能性也比較低。擁有這項能力的人，「擁有談論情緒的方式：不只談論他們感受到了什麼，還能談論在他們情緒當中感受到的強度，」神經科學家和美國職場訓練公司 LifeLabs Learning 創辦人黎安‧倫寧格（LeeAnn Renninger）表示。

所以在上述專案小組的例子裡，在沒有情緒粒度的情況下，你可能會說得不夠具體。「這感覺不太好，我也不喜歡專案進行的方式。」但若有了情緒粒度，你可以更了解「我不爽」的情緒，其實是代表「我擔心我們沒有那麼多時間做這麼多改動」。

279

情緒單字：為了幫助你開始拓展情緒單字，這裡介紹我們最喜歡的三個鮮為人知的情緒用字。Ilinx（法文）：因為隨意地搞破壞，引起得意洋洋的迷惘之感，例如對辦公室的影印機踹一腳。Malu（印尼杜順巴古〔Dusun Baguk〕人用語）：和地位高的人相處的微妙感，例如和公司執行長一起搭電梯。Pronoia（英文）：每個人都參與一場計謀來幫助你的一種毛骨悚然之感。

3. 了解每種情緒背後的需求

一旦對情緒貼上了標籤，改變一下視角，明確說出你想要怎樣的感受。沉浸在棘手的感受裡只會愈陷愈深。相反地，問問自己，「我到底想要感受什麼？」如果你想要感到平靜，而非焦慮，那就去尋找讓你可以順利放鬆下來的方法。在上述的專案小組例子中，能確實讓你平靜的方法或許是：你想要專案計畫維持在正軌上。

4. 表達你的需求

當你了解自己需要什麼，明確說出口。不要說，「這種最後一秒才說的提議讓我很不爽。」你可以試著說，「這版本滿不錯的，但因為截止日快到了，專案穩定度和掌握度很重要。我們有時間改成這個版本嗎？該怎麼做呢？」

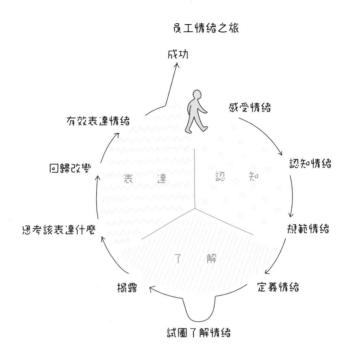

員工情緒之旅

成功

有效表達情緒　　感受情緒

回歸改變　　　表　達　　認　知　　認知情緒

思考該表達什麼　　　　　　　　規範情緒

了　解

揭露　　　　　　　　定義情緒

試圖了解情緒

情緒傾向評估

該怎麼運用我所學到的呢？

　　為了幫助你從書中學到的技能化成實際行動，我們建立了三部分的評估。這項評估可以幫助你了解：

1. 個人的情緒傾向
2. 團隊的情緒文化
3. 組織的情緒規範

　　了解這三個領域，代表你運用從本書所學的內容，了解你該把精力專注在何處。

　　要做更完整的免費評估，可上英文網站：lizandmollie. com/assessment。

　　我們建議你進行完整評估，但是這本書亦涵蓋這三項主題

並提供一套精簡版本的評估。

精簡評估

評估：你的情緒表達傾向

1. 在工作截止日前，你文件存檔出了錯，導致你遺失了某部分的內容。你非常沮喪。下列何種描述最符合你？
   a. 內心很生氣，但是一言不發
   b. 臉上表情痛苦，深呼吸，也告訴隔壁同事我現在很煩躁
   c. 沮喪表情顯而易見，還向周圍的人發洩

2. 你的團隊成功完成一項重要的里程碑。下列何種描述最符合你？
   a. 非常驕傲，但是只露出淺淺的笑容
   b. 非常興奮地傳訊息給夥伴
   c. 站上世界高峰。擁抱每個成員，在走廊上遇見任何人都想分享喜悅

3. 你的同事最常如何形容你？
   a. 神神祕祕
   b. 平平穩穩
   c. 坦坦蕩蕩

答案多為A的人：情緒隱含者，代表你較不擅長表達情緒。周圍的人認為他們在沮喪或有問題的時候都能來找你，因為你可以冷靜地為他們提供想法。但是，他們有時候也會誤以為你的沉默是缺乏急迫性和興奮感。大家需要一點時間才能信任你，因為要解讀你不是一件容易的事。

你改變的最佳機會：試著尋找你比較脆弱的時刻（**尤其當你身為領導人——參閱第八章**）。要注意，不要把負面情緒拴住，否則它們會帶來負面影響，或者轉變為不健康的做事方式。參閱第二章。

答案多為B的人：情緒平穩者。你能適度表達情緒，將部分的興奮之情表露出來，但保留部分的興奮或挫敗。

你改變的最佳機會：專注了解何種類別的情況，能讓你更自在地表達情緒，並了解面對什麼情況要有所保留。**參閱第八章**。

答案多為C的人：情緒滿點者，代表你高度表達你的情緒。周圍的人永遠都知道你處於情緒狀態中，有些人會想分享有趣的消息，或者需要動力的時候都會來找你。你對情緒坦蕩的表現意味著信任，但也許會讓人認為你缺少了穩定性。

你改變的最佳機會：了解可以表達未經過濾的情緒的適當時機，也了解你可能會無意間影響周圍的時候。這並非要你將感受全部消除，而是要你在採取行動之前，花點時間靜下來。**參閱第七章及第八章**。

（來源：黎安‧倫寧格，LifeLabs Learning）

評估：團隊心理安全感

根據以下題目，圈出最符合你同意或不同意程度的數字。

1.若我在團隊犯錯，往往都是針對我

非常不同意　1 — 2 — 3 — 4 — 5 — 6 — 7　非常同意

2.團隊成員都能提出問題或者棘手的事項來討論

非常不同意　1 — 2 — 3 — 4 — 5 — 6 — 7　非常同意

3.在這個團隊冒險是很安全的

非常不同意　1 — 2 — 3 — 4 — 5 — 6 — 7　非常同意

4.在這個團隊尋求成員協助是很困難的

非常不同意　1 — 2 — 3 — 4 — 5 — 6 — 7　非常同意

5.跟這個團隊合作，我的技能和才能可以得到重視，也能充分發揮

非常不同意　1 — 2 — 3 — 4 — 5 — 6 — 7　非常同意

計分：第一步：把第二題、第三題和第五題的分數加起來。第二步：第一題和第四題是反向題目，因此將8扣掉這兩題各自的分數（例如：8－第一題；8－第四題），最後把第一、二步驟的三個數字加起來。

0分到15分：你的團隊心理狀態非常不安全！團隊成員不敢提出新的想法或點出潛在的問題。

你和團隊改變的最佳機會：先建立你希望看到的微小行為並做榜樣。即使對團隊而言是個挑戰，試著邀請團隊的人一同發表看法，或者貢獻新的想法。並感謝團隊成員每個人勇於冒險。**參閱第五章。**

16分到30分：團隊有一定程度的心理安全，但是還可以再增加。你和／或你的團隊成員有時候（但並不總是）認為自己可以不丟臉地在大家面前提出想法，承認錯誤或勇敢冒險。

團隊改變的最佳機會：認識並了解可以引發心理安全的行為，然後再增加一些。試著讓成員寫下他們的想法，大方分享。此外，可以繼續追問下去，例如：「你可以再多說一些細節嗎？」**參閱第五章。**

超過30分：你的團隊心理安全感很充足。你和你的團隊成員認為可以常常分享自己的看法，也知道能夠獲得尊重。

團隊改變的最佳機會：你可以試試看以新方法來增加心理安全。用一些不同的團隊凝聚活動來建立信任。或者試著問問看，「回想一下小時候，你想到什麼食物，為什麼？」並藉此

更深入了解彼此的生活和家人。**參閱第五章**。

（來源：改編自艾米‧埃德蒙遜〔Amy Edmondson〕團隊心理安全評估）

評估：你在組織內的歸屬感

根據以下題目，圈出最符合你同意或不同意程度的數字。

1.我通常能感覺到組織的人都能接納我

非常不同意　1 — 2 — 3 — 4 — 5 — 6 — 7　非常同意

2.若組織是一面大拼圖，我覺得我好像錯的那一片，怎麼樣也拼湊不起來

非常不同意　1 — 2 — 3 — 4 — 5 — 6 — 7　非常同意

3.我想要在工作中為我周圍的人做出改變，但是我覺得我提出的想法都不受重視

非常不同意　1 — 2 — 3 — 4 — 5 — 6 — 7　非常同意

4.我覺得組織裡有許多情況下我都是局外人

非常不同意　1 — 2 — 3 — 4 — 5 — 6 — 7　非常同意

5. 我的背景和經歷與組織內周圍的人都不一樣，對此我感到很不自在

非常不同意　1 ― 2 ― 3 ― 4 ― 5 ― 6 ― 7　非常同意

計分：第一步：第二題、第三題、第四題和第五題為反向題目，因此將8扣掉這幾題各自的分數（例如：8－第二題；8－第三題），接著把得到的四個數字加起來。第二步：將第一步驟的分數加上第一題的分數。

0分到15分：你沒有感受到歸屬感。在表達真正的自己時，你沒有安全感也不被重視。

你改變的最佳機會：要先了解，新工作的第一年缺乏歸屬感是很正常的事。試著分辨你感受不到歸屬感的情況：是在特定場合（例如視訊會議），或特定群體？接著，找一位文化夥伴或者導師，幫助你解決這些情況。這樣的對象能了解公司文化，為你解惑，並在小事（例如：你回信語氣）到大事（例如：讓你了解感覺隔絕在外是正常現象）給予你反饋。注意：若你在兩年後仍感覺不到歸屬感，也許該考慮轉去不同部門或是換公司了。**參閱第七章**。

16分到30分：你能感受某種程度的歸屬感。在表現真正自己的時候，你能夠感到安心，備受重視，但是還有改善的空間。

你改變的最佳機會：要記得，感覺到歸屬感不表示工作會

突然像在公園散步那樣自在——而是代表工作生活起起伏伏也不會導致你太大壓力。尋找在團隊中建立歸屬感的方法。舉例來說，假設出發點是好意。若你認識和信任的同事不小心犯錯，你可以向他解釋他的行為讓你感覺被隔絕在外，也可以提出替代方法。**參閱第七章。**

　　超過30分：你能充分感覺到歸屬感。你能自在分享自己的想法，知道自己能備受尊重和聆聽。

　　你改變的最佳機會：你永遠可以為成員在團隊中增加歸屬感。為成員指定一名文化夥伴或導師。幫助他們了解企業文化，回答問題或在大小事項上給予回饋，例如回信的語氣。提醒他們，在剛報到的頭幾個月感覺不到歸屬感是很正常的。**參閱第七章。**

　　（來源：改編自歸屬感清單項目〔Sense of Belonging Inventory〕）

致謝

寫一本書需要勞師動眾。莫莉和莉茲想要感謝以下的朋友：

傑出的編輯莉亞・仇柏斯（Leah Trouwborst），她發自內心相信我們，總是給予我們許多時間、想法和熱情。卓越的經紀人、我們的朋友莉莎・迪莫那（Lisa DiMona），她是我們的第一位支持者，也是我們的思想夥伴。我們聰明的編輯夥伴茱莉・莫索（Julie Mosow），她幫助我們塑造想法，並引導我們寫出最棒的心聲。

文學經紀公司Writers House團隊：諾拉・隆（Nora Long）是非常有耐心以及睿智的編輯，幫忙我們釐清許多訊息。亞莉山卓・波奇（Alessandra Birch）、娜塔莉・梅迪納（Natalie Medina）、瑪哈・妮可利（Maja Nikolic）、凱蒂・史都華（Katie Stuart）、佩姬・史密斯（Peggy Boulos Smith）以及經紀公司的每個人，能與你們合作是一件非常開心的事。

企鵝出版公司團隊：阿德里安・札克海姆（Adrian

Zackheim），他對我們的書籍優雅又清晰的需求給予我們非常大的啟發；尼奇・帕帕多波羅斯（Niki Papadopoulos）、威爾・威斯爾（Will Weisser）、海倫・希利（Helen Healey）、塔拉・吉爾布萊（Tara Gilbride）、克里斯・賽爾吉奧（Chris Sergio）、卡爾・史普贊（Karl Spurzem）、艾莉莎・艾德勒（Alyssa Adler）、凱西・帕帕斯（Cassie Pappas）、曼德琳・蒙哥馬利（Madeline Montgomery）、瑪格塔・史坦邁斯（Margot Stamas），以及莉莉安・鮑爾（Lillian Ball）從開始到最後都給予相當大的協助。

　　給予我們時間和想法的所有專家：安琪拉・安東尼（Angela Antony）、艾莉卡・貝克（Erika Baker）、麗莎・巴瑞特（Lisa Feldman Barrett）、席格・巴賽德（Sigal Barsade）、麥特・布雷特佛德（Matt Breitfelder）、拉茲洛・博克（Laszlo Bock）、茱莉亞・拜爾（Julia Byers）、B・拜恩（B. Byrne）、傑瑞・克隆那（Jerry Colonna）、蘇珊・大衛（Susan David）、布萊恩・費瑟斯頓豪（Brian Fetherstonhaugh）、比爾・喬治（Bill George）、克里斯・葛莫斯（Chris Gomes）、保羅・葛林（Paul Green）、詹姆斯・葛羅斯（James Gross）、法蘭斯・喬韓森（Frans Johansson）、莎拉・卡洛曲（Sarah Kalloch）、雷姆・克尼格（Rem Konig）、安・克里莫（Anne Kreamer）、湯姆・黎曼（Tom Lehman）、尼奇・路斯迪格（Niki Lustig）、卡

德‧麥西（Cade Massey）、強納森‧邁可布萊德（Jonathan McBride）、珮蒂‧麥寇德（Patty McCord）、朱莉安娜‧皮勒摩（Julianna Pillemer）、丹尼爾‧品克（Daniel Pink）、黎安‧倫寧格（LeeAnn Renninger）、琪莎‧理查德森（Kisha Richardson）、強納森‧羅伊索爾（Jonathan Roiser）、凱瑞莎‧羅密洛（Carissa Romero）、茱莉亞‧洛佐斯基（Julia Rozovsky）、葛瑞琴‧魯賓（Gretchen Rubin）、蘿拉‧薩維諾（Laura Savino）、吉爾‧史瓦茲曼（Jill Schwartzman）、金‧史考特（Kim Scott）、寇特妮‧席特（Courtney Seiter）、喬‧沙普羅（Jo Shapiro）、艾許利‧索勒（Ashleigh Showler）、黛博拉‧史坦姆（Deborah Stamm）、黛博拉‧坦寧（Deborah Tannen）、艾蜜莉‧楚勒芙（Emily Stecker Truelove）、吉爾斯‧特溫博（Giles Turnbull）、派蒂‧瓦朵（Pat Wadors）、貴格‧華頓（Greg Walton）、漢娜‧溫斯曼（Hannah Weisman）、布萊恩‧威爾（Brian Welle）、梅根‧威勒（Megan Wheeler）、卡麥隆‧懷特（Cameron White）、艾達‧溫菲德（Adia Harvey Wingfield）、山下凱斯（Keith Yamashita），以及伊藍‧澤克里（Ilan Zechory）。

和我們一起討論這本書初步構想的朋友們：丹娜‧艾許爾（Dana Asher）、麥特‧諾加德（Mette Norgaard）、溫蒂‧帕默（Wendy Palmer）、鄧肯‧康比（Duncan Coombe）、

阿爾特‧馬克曼（Art Markman）、卡爾‧皮勒莫（Karl Pillemer），以及凱特‧爾莉（Kate Earle）。

謝謝蘇珊‧坎恩（Susan Cain），幫助我們了解到內向人，也給予我們機會與你創辦的Quiet Revolution社群一同分享。

謝謝蓋博‧諾凡斯（Gabe Novais），一路帶領我們，還有維持這麼多年的友誼。

莉茲的謝辭：

謝謝莫莉，在耐心和督促之間找到最佳平衡點，與我一起完成這輩子最有趣和最有價值的其中一件大事。

謝謝父母，時時刻刻打電話給我，告訴我哪幾句寫得妙語如珠，還有（當你們不懂話中的笑點為何）我的插圖很可愛，總是支持我追求所有的創新。當生活煩心，你們總是讓我快樂。謝謝你們是我的父母，我很驕傲我的父母是你們。

謝謝美信（Maxim），給我書中插圖的靈感，改善我的用字語法，還有檢查我的研究。你的編輯、建議、耐心和幽默都讓這本書更美好。我的生活有你也變得更美好。我真的很幸運。

謝謝所有過去的同事和老闆，尤其翁安迪（Andy Wong）是我生活裡的一盞明燈，吉尼斯公司#一窩蜂，謝謝所有好笑的貼文，還有彼得‧史姆斯（Peter Sims），謝謝你的支持與

慷慨。

　　謝謝所有讓這本書成真的人。有些人讀了草稿，有些人分享工作中的高低起伏，也有些人在我陷入瓶頸的時候給了我一個微笑。謝謝瑪莉娜・阿嘉帕奇斯（Marina Agapakis）、卡曼・艾肯（Carman Aiken）、維凡克・艾許克（Vivek Ashok）、麥特・布朗（Mat Brown）、B・拜恩（B. Byrne）、梅根・卡西莉（Meghan Casserly）、阿蜜特・夏瓦尼（Amit Chatwani）、米夏・切爾藍（Misha Chellam）、周馬修（Mathew Chow）、尼克・迪瓦德（Nick DeWilde）、萊恩・迪克（Ryan Dick）、艾莉西亞・艾普斯坦（Elicia Epstein）、湯米・費雪（Tomi Fischer）、凱文・弗利克（Kevin Frick）、布蓮那・浩爾（Brenna Hull）、貝卡・傑克伯（Becca Jacobs）、艾莉絲・鍾（Iris Jong）、康喜松（Hee-Sun Kang）、克萊爾・藍伯特（Clare Lambert）、馬雅・露普契（Maya Lopuch）、娜塔莉・米勒（Nathalie Miller）、萊拉・墨菲（Lila Murphy）、傑森・尼米洛（Jason Nemirow）、紅酒幫（The Red Wine Society）、傑斯・石（Jess Seok）、納塔莉・孫（Natalie Sun）、艾瑞克・特倫柏（Erik Torenberg）、克莉絲汀・曾（Christine Tsang）、查理・王（Charley Wang），以及翁漢納（Hannah Yung）。

　　最後，在我寫作過程中Reddit的過度打擾令我分心，我才不要謝謝他。

莫莉的謝辭：

謝謝莉茲，謝謝我們的友誼，一起經歷起起伏伏，最後建立夢幻夥伴關係的這種承諾，也謝謝你的插圖總讓我會心一笑。

謝謝西雅圖公立學校所有鼓勵我寫作的老師：莫莉·彼得森（Molly Peterson），諾姆·哈林斯海德（Norm Hollingshead），塔拉·麥可貝奈（Tara McBennett），馬克·羅夫瑞（Mark Lovre），蘿拉·史坦茲（Laura Strentz）以及史提夫·米蘭達（Steve Miranda）。布朗大學三位教授啟發我研究公司的興趣：巴瑞特·海佐坦恩（Barrett Hazeltine），丹尼·瓦爾謝（Danny Warshay）和亞倫·哈林（Alan Harlam）。我仍記得從你們身上學到的事物，沒有你們就沒有今天的我。

謝謝444姊妹淘，不斷給我想法、笑聲和正向力量。謝謝西雅圖的女孩們，啟發我，讓我依靠。謝謝蘇菲·伊根（Sophie Egan），謝謝你的鼓勵，總是一通電話就使命必達。

謝謝我在Culture Lab的朋友們：莉莎·康萊德（Lisa Conrad）、凱莉·席諾瓦（Kelly Ceynowa）、艾莉·馬勒（Allie Mahler）、艾咪·史達爾（Aimee Styler）、喬許·拉維（Josh Levine），以及艾蜜莉·蔣（Emily Tsiang）。

給所有現任與前任IDEO的同事們，幫助我組成了我對職

場情緒的構想。特別感謝杜安・布雷（Duane Bray）、羅西・紀凡奇（Roshi Givechi）、英格莉・李（Ingrid Fetell Lee）、黛安娜・羅特（Diana Rhoten）、海瑟・杭特（Heather Currier Hunt）、安娜・席維爾史坦（Anna Silverstein），以及周馬特（Mat Chow），針對我的想法給予很棒的回饋。謝謝羅倫・布萊克曼（Loren Flaherty Blackman）為我們的書籍封面提供珍貴的設計指導。黛博・史坦（Debbe Stern），惠妮・摩坦莫（Whitney Mortimer）以及海莉・布爾（Hailey Brewer），我在IDEO工作的那段時間，謝謝你們對於寫作給予的指導與支持。

謝謝我過去的同事和老闆這幾年傳授的專業和指導。

永遠最感謝家人，相信我，告訴我什麼才是重要的。尤其謝謝蘿拉，了解也深愛那個最真實的我，我們的幽默是唯有姊妹才能理解的；謝謝凱特，毫無條件地支持我，告訴我好奇心的珍貴，鼓勵我去做我喜歡的事情；謝謝大衛，與我分享價值觀，對工作世界保持興趣，也提醒我別把生活看得太嚴肅。傑克，謝謝你情緒化的智慧和溫暖；謝謝杜菲，謝謝你的慷慨、正向還有笑聲。

最重要的，謝謝克里斯，我最重要的另一半，總讓我發揮最好的那一面，也總在寫作過程中傾聽我。你是我追求靈感、善良和幽默的來源。能擁有你在身旁是世界上最幸運的事。你讓我成為這世上最快樂的人。

注釋

第一章：百感交集的未來

19 比起 IQ，EQ 較能預測我們在職場上的成就：Harvey Deutchendorf,"Why Emotionally Intelligent People Are More Successful," *Fast Company*, June 22, 2015,www.fastcompany.com/3047455/why-emotionally-intelligent-people-are-more-successful.

19 有效地感受情緒：Chip Conley,*Emotional Equations* (New York:Atria, 2013).

20 擅長與他人言語溝通的員工：Susan Adams, "The 10 Skills Employers Most Want in 2015 Graduates," *Forbes*, November 12, 2014,www.forbes.com/sites/susanadams/2014/11/12/the-10-skills-employer-most-want-in-2015-graduates/#6920eae42511.

20 協作的重要性僅次於虔誠："The Collaboration Curse," *The Economist*, January 23, 2016,www.economist.com/news/business/21688872-fashion-making-employees-collaborate-has-gone-too-far-collaboration-curse.

第二章：這樣工作，健康有力

29 服用加拿大嘻哈歌手德瑞克（Drake）：嘻哈歌手，不是法蘭西斯·德瑞克爵士。

32 曼哈頓總部的辦公大廳裡：Joseph Heath, *The Efficient Society* (Toronto: Penguin Canada, 2002), 153.

32 「工作吧，然後你就去死吧」：Andrea Peterson, "Metaphor of Corporate Display: 'YouWork, and Then You Die,' " *Wall Street Journal*, November 8, 1996.

33 一星期工作時間超過五十個小時：Gretchen Rubin, "The Data Revealed a Big Surprise:Top Performers Do Less," GretchenRubin.com, accessed April 8, 2018,https://gretchenrubin.com/2018/02/morten-hansen.

33 「關機、充電、重新整理自己」：Grace Nasri, "Advice from 7 Women Leaders Who Navigated the Male- Dominated Tech Scene," *Fast Company*, June 12, 2014,www.fastcompany.com/3031772/advice-from-7-women-leaders-who-navigated-the-male-dominated-tech-scene.

35 安排一段休假，可以維持身體健康和工作效率："A 20- Year Retrospective on the Durfee Foundation Sabbatical Program from Creative Disruption to Systems Change," September 2017,https://durfee.org/durfee-content/uploads/2017/10/Durfee-Sabbatical-Report-FINAL.pdf.

35 超過一半以上的美國人不會把有薪假用完：Quentin Fottrell, "The Sad Reason Half of Americans Don't Take All Their Paid Vacation," *MarketWatch*, May 28, 2017, www.marketwatch.com/story/55-of-american-workers-dont-take-all-their-paid-vacation-2016-06-15.

36 每個人就愈會安排時間休假："The High Price of Silence: Analyzing the Business Implications of an Under-Vacationed Workforce," *Project: Time Off*, accessed April 8,2018, www.projecttimeoff.com/research/high-price-silence.

36 避免有任何人工作到崩潰："Remaking the Workplace, One Night Off at a Time," *Knowledge@Wharton*, July 3, 2012,http://knowledge.wharton.upenn.edu/article/remaking-the-workplace-one-night-off-at-a-time

36 面善的外表也會看起來像個兇神惡煞：Matthew Walker, *Why We Sleep: Unlocking the Powerof Sleep and Dreams* (New York: Scribner, 2017), Kindle.

37 讓你喘口氣——甚至維持專注力："Brief Diversions Vastly Improve Focus, Researchers Find," *Science Daily*, February 8, 2011, www.sciencedaily.com/releases/2011/02/110208131529.htm.

37 丹麥有一群學生，會在考試前稍事休息：Hans Henrik Sievertsen, Francesca

Gino, and Marco Piovesan, "Cognitive Fatigue Influences Students' Performance on Standardized Tests," *Proceedings of the National Academy of Sciences*, February 16, 2016, www.pnas.org/content/early/2016/02/09/1516947113.

37 研究建議，比起孤軍奮戰：Dan Pink, *When: The Scientific Secrets of Perfect Timing* (New York: Riverhead, 2018), Kindle.

37 研究認為重訓比有氧運動更能提振心情：Bertheussen GF et al., "Associations between Physical Activity and Physical and Mental Health— a HUNT 3 Study," *Med Sci Sports Exercise* 43, no. 7 (July 2011): 1220–28,www.ncbi.nlm.nih.gov/pubmed/21131869.

38 我已經念出工作結束的咒語了：Cal Newport, "Drastically Reduce Stress with a Work Shutdown Ritual," CalNewport.com, June 8, 2009,http://calnewport.com/blog/2009/06/08/drastically-reduce-stress-with-a-work-shutdown-ritual.

39 追蹤每天走了幾步或者測量爬山的距離：Jordan Etkin, "The Hidden Cost of Personal Quantification," *Journal of Consumer Research* 42, no. 6 (April 1, 2016): 967– 84, https://academic.oup.com/jcr/article-abstract/42/6/967/2358309.

39 碧昂絲（Beyoncé）接受《GQ》雜誌訪問：Amy Wallace, "Miss Millennium: Beyoncé," *GQ*, January 10, 2013, www.gq.com/story/beyonce-cover-story-interview-gq-february-2013.

39 「為自己保留時間」：Rebecca J. Rosen, "Why Do Americans Work So Much? " *The Atlantic*, January 7, 2016,www.theatlantic.com/business/archive/2016/01/inequality-work-hours/422775.

40 和我們在乎的人共度時光是非常開心的：Cristobal Young and Chaeyoon Lim, "Time as a Network Good: Evidence from Unemployment and the Standard Workweek," *Sociological Science* 1, no. 2 (February 18, 2014), www.sociologicalscience.com/time-network-good.

40 身心崩潰研究權威：Kenneth R. Rosen, "How to Recognize Burnout before You're Burned Out," *New York Times*, September 5, 2017, www.nytimes.com/2017/09/05/smarter-living/workplace-burnout-symptoms.html.

42 沒有其他人可以在我休假的時候勝任我的工作：Sarah Green Carmichael, "Millennials Are Actually Workaholics, According to Research," *Harvard*

Business Review, August 17, 2016, https://hbr.org/2016/08/millennials-are-actually-workaholics-according-to-research.

42 大腦的愉悅神經網絡：Annie McKee and Kandi Wiens, "Prevent Burnout by Making Compassion a Habit," *Harvard Business Review*, May 11, 2017, https://hbr.org/2017/05/prevent-burnout-by-making-compassion-a-habit.

43 《野獸國》（Where the wild things are）的作者：Emma Brockes 訪問作者 Maurice Sendak, *The Believer*, November 2012, www.believermag.com/issues/201211/?read=interview_sendak.

43 比自己以為的還多一倍：Sally Andrews et al., "Beyond Self- report: Tools to Compare Estimated and Real-World Smartphone Use," *PLoS ONE* 10, no. 10 (October 2015), https://doi.org/10.1371/journal.pone.0139004.

44 結果手機根本不在口袋裡：Michelle Drouin, "Phantom Vibrations among Undergraduates: Prevalence and Associated Psychological Characteristics," *Computers in Human Behavior* 28, no. 4 (July 2012): 1490–96, www.sciencedirect.com/science/article/pii/S0747563212000799.

44 疲倦又無法集中精神喔：Daniel J. Levitin, "Hit the Reset Button in Your Brain," *New York Times*, August 9, 2014, www.nytimes.com/2014/08/10/opinion/sunday/hit-the-reset-button-in-your-brain.html.

45 建議你：放下你的手機：Shonda Rhimes, *Year of Yes* (New York: Simon & Schuster, 2016), Kindle.

45 不得在平日晚上十點過後："Zzzmail," Vynamic.com, accessed April 8, 2018, https://vynamic.com/zzzmail.

46 心理學家唐諾·坎貝爾（Donald Campbell）寫道：Steven Pinker, *How the Mind Works* (New York: W. W. Norton, 1997), Kindle.

46 壞事會發生，好事在後頭：Brad Stulberg, "Become More Resilient by Learning to Take Joy Seriously," *New York*, April 28, 2017, http://nymag.com/scienceofus/2017/04/become-morresilient-by-learning-to-take-joy-seriously.html.

48 心滿意足地不爽：T-Mobile USA, Inc. v. NLRB, No. 16–60284(5th Cir. 2017), https://law.justia.com/cases/federal/appellate-courts/ca5/16–60284/16–60284–

2017–07–25.html.

48　他們的幸福感低於能夠坦然接受的人：Brett Q. Ford et al., "The Psychological Health Benefits of Accepting Negative Emotions and Thoughts: Laboratory, Diary, and Longitudinal Evidence," *Journal of Personality Social Psychology,* July 2017,www.ncbi.nlm.nih.gov/pubmed/28703602.

48　「能順利處理自身壓力」：Yasmin Anwar, "Feeling bad about feeling bad can make you feel worse," *Berkeley News*, August 10, 2017, http://news.berkeley. edu/2017/08/10/emotionalacceptance.

49　努力去阻止問題發生：Julie K. Norem and Nancy Cantor, "Defensive Pessimism: Harnessing Anxiety as Motivation," *Journal of Personality and Social Psychology* 51,no. 6 (1986): 120817, http://psycnet.apa.org/record/1987–13154–001.

49　防禦性悲觀的人是勉強自己保持快樂：Julie K. Norem and Edward C. Chang, "The Positive Psychology of Negative Thinking," *Journal of Clinical Psychology* 50, no. 9 (2002): 993–1001, http://homepages.se.edu/cvonbergen/files/2012/12/The-Positive-Psychology-of-Negative-Thinking.pdf.

49　就跟我們面對興奮的反應一樣：Olga Khazan, "Can Three Words Turn Anxiety into Success?" *The Atlantic*, March 23, 2016,www.theatlantic.com/health/archive/2016/03/can-three-words-turn-anxiety-into-success/474909.

49　將壓力重新轉為興奮之情的人：Alison Wood Brooks, "Get Excited: Reappraising Pre-Performance Anxiety as Excitement," *Journal of Experimental Psychology* 143, no. 3(2014): 114458, www.apa.org/pubs/journals/releases/xge-a0035325.pdf.

50　也能好好排解壓力：Emma Janette Rowland, "Emotional Geographies of Care Work in the NHS," *Royal Holloway University of London*, https://pure.royalholloway.ac.uk/portal/files/23742468/final_submission_1st_december_2014.pdf.

50　聆聽的人心情愈來愈糟：Margot Bastin et al., "Brooding and Reflecting in an Interpersonal Context," *Personality and Individual Differences* 63 (2014): 100–105, https://lirias.kuleuven.be/bitstream/123456789/439101/2/post+print+Brood

ing+and+Reflecting+in+an+Interpersonal+Context_Bastin+(2014).pdf.

50 女性朋友感到更加焦慮或憂鬱：Amanda J. Rose, "Co-rumination in the Friendships of Girls and Boys," *Child Development* 73, no. 6 (November–December 2002):1830–43, www.ncbi.nlm.nih.gov/pubmed/12487497.

51 推你一把去解決問題：Adam Grant, "The Daily Show's Secret to Creativity," *WorkLife Podcast*, March 7, 2018, www.linkedin.com/pulse/daily-shows-secret-creativity-adam-grant.

51 不明不白總是會讓人感到不踏實：Achim Peters et al., "Uncertainty and Stress: Why It Causes Diseases and How It Is Mastered by the Brain," *Progress in Neurobiology* 156 (September 2017): 164–88,www.sciencedirect.com/science/article/pii/S0301008217300369.

51 無法從主管身上得到任何明確指示：Morten Hansen, *Great at Work* (New York: Simon & Schuster, 2018).

52 休假時間比其他人多出一倍：Amanda Eisenberg, "Vacation Time Can Boost Employee Performance," *Employee Benefit Advisor*, July 31, 2017, www.employeebenefitadviser.com/news/vacation-time-can-boost-employee-performance.

52 Flickr 聯合創辦人凱特瑞納·費克表示：Caterina Fake, "Working Hard Is Overrated," *Business Insider*, September 28, 2009, www.businessinsider.com/working-hard-is-overrated-2009–9.

53 花一半的時間專注於現在：Matthew A. Killingsworth and Daniel T. Gilbert, "A Wandering Mind Is an Unhappy Mind," *Science* 330, no. 6006 (Nov 2010): 932, www.ncbi.nlm.nih.gov/pubmed/21071660.

53 神遊四海的心，通常都不怎麼快樂：Ibid.

53 分析問題中的特定因素：Nicholas Petrie, "Pressure Doesn't Have to Turn into Stress," *Harvard Business Review*, March 16, 2017, https://hbr.org/2017/03/pressure-doesnt-have-to-turn-into-stress.

55 若你覺得自己身陷在悲觀之中：Stulberg, "Become More Resilient."

55 離開負面情緒的迴圈：作者與黎安·倫寧格進行電話訪談，2018 年 4 月19 日。

58 兩天內須完成的事項：Nick Wignall, "How to Fall Asleep Amazingly Fast by Worrying on Purpose," *Medium*, February 12, 2018,https://medium.com/swlh/how-to-fall-asleep-amazingly-fast-by-worrying-on-purpose-db0078acc6b6.

第三章：這樣工作，動機有力

63 「也成為更快樂的員工」：Cali Ressler and Jody Thompson, *Why Work Sucks and How to Fix It: The Results-only Revolution* (New York: Penguin Press, 2010), Kindle.

63 也推廣至全公司：Seth Stevenson, "Don't Go to Work," *Slate*, May 11, 2014, www.slate.com/articles/business/psychology_of_management/2014/05/best_buy_s_rowe_experiment_can_results_only_work_environments_actually_be.html.

63 ROWE 計畫有以下十三項準則：Ressler, *Why Work Sucks and How to Fix It.*

65 全心投入在工作裡："Employee Engagement," *Gallup*, accessed February 17,2018, http://news.gallup.com/topic/employee_engagement.aspx.

66 而去選擇自由度較高的工作：Joris Lammers, "To Have Control over or to Be Free from Others? The Desire for Power Reflects a Need for Autonomy," *Personality and Social Psychology Bulletin* 42, no. 4 (March 2016): 498–512,http://journals.sagepub.com/doi/abs/10.1177/0146167216634064?rss=1&

67 缺席率和流動率都下降：Lydia DePillis,"Walmart Is Rolling Out Big Changes to Worker Schedules This Year," *Washington Post*, February 17, 2016, www.washingtonpost.com/news/wonk/wp/2016/02/17/walmart-is-rolling-out-big-changes-to-worker-schedules-this-year.

67 參加孩子的課後活動：Stevenson, "Don't Go toWork."

67 離職率降低：Ibid.

67 當時對這項計畫的態度有所保留：Ressler, *Why Work Sucks and How to Fix It.*

67 「答案幾乎都是肯定」：作者與丹尼爾‧品克進行電話訪談，2018 年 2 月 27 日。

68 「對很多人來說都可行」：Ibid.

68 傑夫‧貝佐斯（Jeff Bezos）便曾經對工程師：Brad Stone, *The Everything*

Store: Jeff Bezos and the Age of Amazon (New York:Back Bay Books, 2014), Kindle.

69 當我們尋求獎賞，大腦會分泌："Dopamine Regulates the Motivation to Act, Study Shows," *Science Daily*, January 10, 2013, www.sciencedaily.com/releases/2013/01/130110094415.htm.

69 在有驚無險的遊戲中輸了錢：Henry W. Chase and Luke Clark, "Gambling Severity Predicts Midbrain Response to Near-miss Outcomes," *Journal of Neuroscience* 30, no. 18 (May2010): 6180–87, www.jneurosci.org/content/30/18/6180.full.

71 足以給我們動力：Karl E. Weick, "Small Wins Redefining the Scale of Social Problems,"*American Psychologist* 39, no. 1 (January 1984): 40–49,http://homepages.se.edu/cvonbergen/files/2013/01/Small-Wins_Redefining-the-Scale-of-Social-Problems.pdf.

71 愈來愈開心，愈加投入於工作：Teresa Amabile and Steven Kramer, *The Progress Principle* (Boston: Harvard Business Press, 2011), Kindle.

71 忽視遠大的願景會消滅動力：Dr. Pranav Parijat and Jaipur Shilpi Bagga, "VictorVroom's Expectancy Theory of Motivation—An Evaluation," *International Research Journal of Business Management* 7, no. 9 (September 2014),http://irjbm.org/irjbm2013/Sep2014/Paper1.pdf.

71 暗示著包容和團隊合作：Leah Fessler, "Three Words Make Brainstorming Sessions at Google, Facebook, and IDEO More Productive," *Quartz*, July 10, 2017,https://qz.com/1022054/the-secret-to-better-brainstorming-sessions-lies-in-the-phrase-how-might-we.

71 向你報告問題：Pink, *Drive*, 166.

72 「那種感覺會影響工作本身」：Dan Ariely, Emir Kamenica, and Dražen Prelec, "Man's Search for Meaning: The Case of Legos," *Journal of Economic Behavior & Organization* (September2008): 671–77, www.sciencedirect.com/science/article/pii/S0167268108000127.

72 「比起處理棘手的問題」：Paul Graham, "How to Do What You Love," *Paul Graham's Top Business Tips* (blog), accessed February 18, 2018,www.

paulgraham.com/love.html.

73 不怎麼輕鬆愉快："The Most and Least Meaningful Jobs," *PayScale,* accessed February 18, 2018, www.payscale.com/data-packages/most-and-least-meaningful-jobs.

73 度過那些苦悶的時刻：Shelley A. Fahlman, "Does a Lack of Meaning Cause Boredom? Results from Psychometric, Longitudinal, and Experimental Analyses," *Journalof Social and Clinical Psychology* 28, no. 3 (2009): 307– 40, https://psyc525final.wikispaces.com/file/view/Does+a+lack+of+meaning+cause+boredom+-+Results+from+psychometric,+longitudinal,+and+experimental+analyses.pdf.

73 從我們工作中受惠的人簡單互動交流：Bock, *Work Rules!*

73 募得的獎學金多出了一倍：Adam Grant, "How Customers Can Rally Your Troops," *Harvard Business Review,* June 2011,https://hbr.org/2011/06/how-customers-can-rally-your-troops.

73 「那是我聽到最高榮譽的讚美之一」：Alexandra Petri, "Maurice Sendak and Childhood—We Ate It Up, We Loved It," *Washington Post*, May 8, 2012,www.washingtonpost.com/blogs/compost/post/maurice-sendak-and-childhood—we-ate-it-up-we-loved-it/2012/05/08/gIQAhfcwAU_blog.html.

74 因為事情沒有絕對，所以我們的思維很重要：Catherine Bailey and Adrian Madden, "What Makes Work Meaningful— or Meaningless," *MIT Sloan Management Review*, Summer 2016,https://sloanreview.mit.edu/article/what-makes-work-meaningful-or-meaningless.

74 說說笑話，安撫大家：Dave Isay, *Callings: The Purpose and Passion of Work* (New York: Penguin, 2017), Kindle.

75 「把環境打造得歡樂無比」："I Am Joi Ito of MIT Media Lab, Ask Me Anything," Reddit, May 29, 2015, www.reddit.com/r/IAmA/comments/37qf9h/i_am_joi_ito_director_of_mit_media_lab_ask_me.

75 「太空梭發射之後，成功降落」：Ali Rowghani, "What's the Second Job of a Startup CEO?" *Y Combinator*, November 29, 2016, https://blog.ycombinator.com/the-second-job-of-a-startup-ceo.

78 現在尚未出現的程式語言："Human Capital Outlook," *World Economic Forum*, June 2016, http://www3.weforum.org/docs/WEF_ASEAN_HumanCapitalOutlook.pdf.

78 「取決你選擇從誰身上學習」：Seth Godin, "17 ideas for the modern world of work," altMBA, accessed February 18, 2018, https://altmba.com/ideas.

78 每天上班都在倒數計時的人：Kim Willsher, "Frenchman Takes Former Employer to Tribunal over Tedious Job," *Guardian*, May 2, 2016,www.theguardian.com/world/2016/may/02/frenchman-takes-former-employer-to-tribunal-over-tedious-job.

78 電擊自己兩百次：HBR *Ideacast*, "Episode 592: Why Everyone Should See Themselves as a Leader," released August 31, 2017, hbr.org/ideacast/2017/08/why-everyone-should-see-themselves-as-a-leader.

79 進入到回憶漩渦，並開始激發新的思想：Elle Metz, "Why Idle Moments Are Crucial for Creativity," *BBC*, April 14, 2017, www.bbc.com/capital/story/20170414-why-idle-moments-are-crucial-for-creativity.

79 記憶和想像區域會開始活躍：Jennifer Schuessler, "Our Boredom, Ourselves," *New York Times*, January 21, 2010, www.nytimes.com/2010/01/24/books/review/Schuessler-t.html.

79 安排時間坐下來然後思考：Ibid.

79 「找到屋頂的漏水之處」：Graham, "How to Do What You Love."

79 比單純放鬆更能減緩你的壓力：Chen Zhang et al., "More Is Less: Learning but Not Relaxing Buffers Deviance under Job Stressors," *Journal of Applied Psychology* 103, no.2 (September 21, 2017): 123–36,www.ncbi.nlm.nih.gov/labs/articles/28933912.

80 「我把課堂中學習的東西」：作者與尼奇・路斯迪格進行電話訪談，2017年1月10日。

80 棒球選手為了加入贏球的隊伍：Thomas Zimmerfaust, "Are Workers Willing to Pay to Join a Better Team?" *Economic Inquiry*, December 26, 2017,http://onlinelibrary.wiley.com/doi/10.1111/ecin.12543/abstract.

80 他們比較珍惜自行組裝的家具：Michael Norton et al., "The 'IKEA Effect':

When Labor Leads to Love," Harvard Business School Working Paper, 2011, www.hbs.edu/faculty/Publication%20Files/11–091.pdf.

80 會比其他同儕表現得更好：Paul P. Baard et al., "Intrinsic Need Satisfaction: A Motivational Basis of Performance and Well-Being in Two Work Settings," *Journal of Applied Social Psychology* 34,no. 10 (2004): 2045– 68,https://selfdeterminationtheory.org/SDT/documents/2004_BaardDeciRyan.pdf.

81 直到五十一歲才出版第一本食譜書：Ruth Reichl, "Julia Child's Recipe for a Thoroughly Modern Marriage," *Smithsonian*, June 2012,www.smithsonianmag.com/history/julia-childs-recipe-for-a-thoroughly-modern-marriage-86160745.

81 往往能達到更好的成就：Carol Dweck, *Mindset: The New Psychology of Success* (New York: Random House, 2006), Kindle.

83 焦慮或憂鬱的學生是無法學習的：Bruce D. Perry, "Fear and Learning: Trauma Related Factors in Adult Learning," *New Directions for Adult and Continuing Education*, no. 110 (2006): 21– 27.

84 在工作場合交到朋友的人：Christine M. Riordan and Rodger W. Griffeth, "The Opportunity for Friendship in the Workplace: An Underexplored Construct," *Journal of Business and Psychology* 10, no. 2 (December 1995): 141– 54,https://link.springer.com/article/10.1007/BF02249575.

84 會對工作更有滿足感，比較不容易被壓力影響：Faith Ozbay et al., "Social Support and Resilienceto Stress: From Neurobiology to Clinical Practice," *Psychiatry* (Edgmont) (2007): 35–40,www.ncbi.nlm.nih.gov/pmc/articles/PMC2921311.

85 完成簡報，或者終於獲得加薪："The Positive Business Impact of Having a Best Friend at Work," *HR in Asia*, June 23, 2016, www.hrinasia.com/hr-news/the-positive-business-impact-of-having-a-best-friend-at-work.

85 比那些獨自參加的人還成功：Erica Field et al., "Friendship at Work: Can Peer Effects Catalyze Female Entrepreneurship?" National Bureau of Economic Research Working Paper No. 21093, April 2015, www.nber.org/papers/w21093.

85 僅剩三分之一的人：Adam Grant, "Friends at Work? Not So Much," *New York Times*, September 4, 2015,www.nytimes.com/2015/09/06/opinion/sunday/adam-

grant-friends-at-work-not-so-much.html.

86 「我們把同事關係視為中繼站」：Ibid.

86 比獨自來往的人：Shawn Achor, *Before Happiness* (New York: Crown Business, 2013), 178

86 為我們的工作職涯指點迷津：Edith M. Hamilton et al., "Effects of Mentoring on Job Satisfaction, Leadership Behaviors, and Job Retention of New Graduate Nurses," *Journal for Nurses in Professional Development*, July– August 1989, http://journals.lww.com/jnsdonline/Abstract/1989/07000/Effects_of_Mentoring_on_Job_Satisfaction,.3.aspx.

86 經濟學家及作家：以斯拉・克萊因（Ezra Klein）訪談泰勒・柯文，Longform Podcast, Episode 270, November 2017, https://longform.org/posts/longform-podcast-270-tyler-cowen.

87 占了重要地位：Bert N. Uchino et al., "Heterogeneity in the Social Networks of Young and Older Adults," *Journal of Behavioral Medicine* 24, no. 4 (August 2001): 361–82, https://link.springer.com/article/10.1023/A:1010634902498.

87 會為了成功和人脈更加努力：Jessica R. Methot et al., "The Space Between Us: A Social functional Emotions View of Ambivalent and Indifferent Workplace Relationships," *Journalof Management* 43, no. 6(July 2017):1789– 1819, http://journals.sagepub.com/doi/abs/10.1177/0149206316685853?journalCode=joma.

88 趕著截止期限前交付工作：David Burkus, "Work Friends Make Us More Productive (Except When They Stress Us Out)," *Harvard Business Review*, May 26, 2017,https://hbr.org/2017/05/work-friends-make-us-more-productive-except-when-they-stress-us-out.

88 華頓商學院博士候選人：作者與朱莉安娜・皮勒摩進行電話訪談，2017 年 1 月 8 日。

89 不會區分工作和個人生活：Christena Nippert-Eng, "Calendars and Keys: The Classification of 'Home' and 'Work,' " *Sociological Forum* 11, no. 3 (September 1996): 563–82, https://link.springer.com/article/10.1007/BF02408393.

89 對分門別類派的人而言，很不幸地：Robert Half, "Many Employees Think It's OK to Connect with Colleagues on Social Media, but Not All Managers

Agree," Robert Half,accessed February 18, 2018, http://rh-us.mediaroom. com/2017–09–12-Should-You-Friend-Your-Coworkers.

89　同事的好友邀請：Adam Grant, "Why Some People Have No Boundaries Online," *Huffington Post*, November 11, 2013,www.huffingtonpost.com/adam-grant/why-some-people-have-no-b_b_3909799.html.

89　給同事帶來負面印象：Leslie K. John, "Hiding Personal Information Reveals the Worst," Harvard Business School, January 26, 2016, www.hbs.edu/faculty/ Pages/item.aspx?num=50432.

89　同事在工作以外的活動：與朱莉安娜・皮勒摩面談。

91　一段富有意義關係的開始：Grant, "Friends at Work?"

91　都和自己相近的同事：Ibid.

第四章：這樣工作，決策有力

96　而不是被情緒控制：Myeong-Gu Seo and Lisa Feldman Barrett, "Being Emotional During Decision Making—Good or Bad? An Empirical Investigation," *Academy of Management Journal* 50, no. 4. (August 2007): 923–40,www.ncbi.nlm.nih.gov/pmc/articles/PMC2361392.

97　威廉・詹姆斯形容直覺：Beryl W. Holtam, *Let's Call It What It Is: A Matter of Conscience: A New Vocabulary for Moral Education* (Berlin: Springer Science & Business Media, 2012).

97　縮小範圍，並排出優先順序：Marcel Zeelenberg et al., "On Emotion Specificity in Decision Making: Why Feeling Is for Doing," *Judgment and Decision Making* 3, no. 1(January 2008): 18– 27, http://journal.sjdm.org/bb2/ bb2.html.

99　一瞬間認為她同事的想法非常爛：Scott S. Wiltermuth and Larissa Z. Tiedens "Incidental Anger and the Desire to Evaluate," *Organizational Behavior and Human Decision Processes* 116 (2011): 55– 65,https://pdfs.semanticscholar.org/ 53d4/6c8475881cf8911e235418f9a13acf56d4cd.pdf.

100　比較蘋果和橘子：Michel Cabanac, "Pleasure: The Common Currency," *Journal of Theoretical Biology* 155, no. 2 (April 1992): 173–200,www.ncbi.nlm.

nih.gov/pubmed/12240693.

100 相關情緒很明顯的指標：Scott S. Wiltermuth and Larissa Z. Tiedens, "Incidental anger and the desire to evaluate," *Organizational Behavior and Human Decision Processes* 116, no. 1 (September 2011): 55– 65,https://pdfs.semanticscholar.org/53d4/6c8475881cf8911e235418f9a13acf56d4cd.pdf.

101 當兩個選項都很不錯：Amitai Shenhav and Randy L. Buckner, "Neural Correlates of Dueling Affective Reactions to Win-win Choices," *Proceedings of the National Academy of Science* 111, no.3 (July 29, 2014): 10978–83,www.ncbi.nlm.nih.gov/pubmed/25024178.

101 神經科學家認為這是世界第一：Maria Konnikova, "When It's Bad to Have Good Choices," *New Yorker*, August 1, 2014,www.newyorker.com/science/maria-konnikova/bad-good-choices.

102 焦慮會維持數天或數月："When Fear Is a Competitive Advantage—4 Steps to Make It Work for You," *First Round Review*, accessed on April 21, 2018,http://firstround.com/review/when-fear-is-a-competitive-advantage-4-steps-to-make-it-work-for-you.

102 「設計新的方向」：Ibid.

103 做出讓自己後悔程度最小的決定：Michael Lewis, *The Undoing Project* (New York: W.W. Norton, 2016), Kindle.

103 改變導致災難發生：Ibid.

104 面臨重大抉擇：Steven D. Levitt, "Heads or Tails: The Impact of a Coin Toss on Major Life Decisions and Subsequent Happiness," *NBER Working Paper* No. 22487 (August 2016), www.nber.org/papers/w22487.

104 「我便嫉妒得要死」：作者與葛瑞琴・魯賓進行電話訪談，2018 年 2 月 23 日。

105 「我做得沒有她那麼好」："Envy at the Office: A Q&A with Tanya Menon, PhD," accessed April 21, 2018, http://goop.com/envy-at-the-office.

105 影印機當中發現一枚硬幣，也能影響心情：Daniel Västfjäll et al., "The Arithmetic of Emotion:Integration of Incidental and Integral Affect in Judgments and Decisions," *Frontiers in Psychology* 7 (March 2016): 325,www.ncbi.nlm.

nih.gov/pmc/articles/PMC4782160.

105 快速對情緒打個折：Ibid.

106 更多和她相處的快樂時光：Seo and Barrett, "Being Emotional," 923– 40.

106 調整情緒，或者可以快走或慢跑：Christina Zelano et al., "Nasal Respiration Entrains Human Limbic Oscillations and Modulates Cognitive Function," *Journal of Neuroscience* 36, no. 49 (December 7, 2016): 12448– 67.

106 會為自己設定較低的期望：Jennifer S. Lerner et al., "The Financial Costs of Sadness," *Psychological Science* 24, no. 1 (November 13, 2012): 72–79, http:// journals.sagepub.com/doi/abs/10.1177/0956797612450302?journalCode=pssa.

107 感恩和悲傷有相反的效果：Jennifer S. Lerner et al., "Emotion and Decision Making," *Annual Review of Psychology* 66 (January 2015): 799–823,http:// scholar.harvard.edu/files/jenniferlerner/files/emotion_and_decision_making.pdf.

107 維持超過一個月之久：Martin Seligman et al., "Positive Psychology Progress: Empirical Validation of Interventions," *American Psychology* 60, no. 5 (July 2005):410–21,www.ncbi.nlm.nih.gov/pubmed/16045394.

108 他有權可以解雇斯坦頓：Alex Crippen, "Warren Buffett: Buying Berkshire Hathaway Was $200 Billion Blunder," *CNBC*, October 18, 2010, www.cnbc. com/id/39710609.

108 比現在高出一千億美元：Modesto A. Maidique, "Intuition Isn't Just about Trusting your Gut," *Harvard Business Review*, April 13, 2011,https://hbr. org/2011/04/intuition-good-bad-or-indiffer.

108 甩開周圍的建議：Daphna Motro et al., "Investigating the Effects of Anger and Guilt on Unethical Behavior: A Dual-Process Approach," *Journal of Business Ethics* (2016),https://link.springer.com/article/10.1007/s10551–016–3337-x.

109 作答結果較差：Francesca Gino, *Sidetracked: Why Our Decisions Get Derailed, and How We Can Stick to the Plan* (Cambridge, MA: Harvard Business Review Press, 2013), 45– 47.

109 決策行為，似乎有不同影響：Eddie North-Hager, "When Stressed, Men Charge Ahead, Women More Cautious," *USC News*, June 2, 2011,http://news. usc.edu/30333/When-Stressed-Men-Charge-Ahead-Women-More-Cautious.

109 女性會選擇風險較低的決定：Ruud van den Bos et al., "Stress and Decision-making in Humans: Performance Is Related to Cortisol Reactivity, Albeit Differently in Men and Women," *Psychoneuroendocrinology* 34, no. 10 (November 2009): 1449– 58, www.ncbi.nlm.nih.gov/pubmed/19497677.

109 心理學家泰瑞斯・賀斯頓（Therese Huston）寫道：Miranda Green, "Make Better Decisions by Using Stress to Your Advantage," *Financial Times*, August 28, 2016,www.ft.com/content/9e751970–6a0b-11e6-a0b1-d87a9fea034f.

109 「通常會選出最適合的結果」：North- Hager, "When Stressed, Men Charge Ahead, Women More Cautious."

111 好像約會從來都不棘手：Rivera, "Go with Your Gut."

111 在前十秒鐘已經定了：Frank J. Bernieri, "The Importance of First Impressions in a Job Interview," Midwestern Psychological Association Conference, May 2000,www.researchgate.net/publication/313878823_The_importance_of_first_ impressions_in_a_job_interview.

111 錄取討我們喜歡的人：Rivera, "Go with Your Gut."

111 是否適合（甚至是否有能力）：Ibid.

111 影音公司網飛（Netflix）帶領人資部門：作者與珮蒂・麥寇德進行電話訪談，2018 年 2 月 5 日。

112 看看他和面試官的相似程度：作者與安琪拉・安東尼進行電話訪談，2018 年 3 月 13 日。

112 女性會比較難錄取："Recruiting Men, Constructing Manhood: HowHealth Care Organizations Mobilize Masculinities as Nursing Recruitment Strategy," *Gender & Society* (blog), February 4, 2014,https://gendersociety.wordpress. com/2014/02/04/recruiting-men-constructing-manhood-how-health-care-organizations-mobilize-masculinities-as-nursing-recruitment-strategy.

112 「想當護士，你具備男人味了嗎？」：Claire Cain Miller, "Why Men Don't Want the Jobs Done Mostly by Women," *New York Times*, January 4, 2017,www. nytimes.com/2017/01/04/upshot/why-men-dont-want-the-jobs-done-mostly-by-women.html.

112 拉丁女性則頑強地冒著被同事：Joan C. Williams et al., "Double Jeopardy?

Gender Bias against Women in Science," *Tools for Change in STEM*, January 21, 2015,www.toolsforchangeinstem.org/double-jeopardy-gender-bias-women-color-science.

112 由不帶偏見的主管帶領之下：Dylan Glover et al.,"Discrimination as a Self-Fulfilling Prophecy: Evidence from French Grocery Stores, *Quarterly Journal of Economics* 132, no. 3(August 1, 2017): 1219– 60, https://doi.org/10.1093/qje/qjx006.

112 有不良職場道德：Adia Harvey Wingfield, "Being Black— but Not Too Black—in the Workplace," *The Atlantic*, October 14, 2015,www.theatlantic.com/business/archive/2015/10/being-black-work/409990.

113 「當你開始定義問題」：與麥寇德面談。

113 在布簾後方演奏：Claudia Goldin and Cecilia Rouse, "Orchestrating Impartiality: The Impact of 'Blind' Auditions on Female Musicians," National Bureau of Economic Research, January 1997, www.nber.org/papers/w5903.

113 錄取更多女性和少數族群：Adam Grant, "The Daily Show's Secret to Creativity."

113 「你用了什麼方法？」：Bock, *Work Rules*.

114 在同一名面試者執著太久：Iris Bohnet et al., "When Performance Trumps Gender Bias: Joint vs. Separate Evaluation," *Management Science* 62, no. 5 (2016): 1225–34,https://ofew.berkeley.edu/sites/default/files/when_performance_trumps_gender_bias_bohnet_et_al.pdf.

115 一些隨機甚至荒謬的回答：Jason Dana, "Belief in the Unstructured Interview: The Persistence of an Illusion," *Judgment and Decision Making* 8, no. 5 (September 2013): 512– 20, http://journal.sjdm.org/12/121130a/jdm121130a.pdf.

115 從 1989 年至今都還存在：Marianne Bertrand and Sendhil Mullainathan, "Are Emily and Greg More Employable than Lakisha and Jamal? A Field Experiment on Labor Market Discrimination," National Bureau of Economic Research, July 2003, www.nber.org/papers/w9873.

116 判斷面試者的工作技能：John E. Hunter and Ronda F. Hunter, "Validity and

Utility of Alternative Predictors of Job Performance," *Psychological Bulletin* 96, no. 1 (1984): 72–98,www.uam.es/personal_pdi/psicologia/pei/diferencias/ Hunter1984JobPerformance.pdf.

116　自行假設第六位面試者可能沒有：Uri Simonsohn and Francesca Gino, "Daily Horizons:Evidence of Narrow Bracketing in Judgment from 10 Years of MBA-Admission Interviews," *Psychological Science* 24, no. 2 (2013),https://papers. ssrn.com/sol3/papers.cfm?abstract_id=2070623.

117　自信滿滿的同事拿的少一些：Alison Wood Brooks and Maurice E. Schweitzer, "Can Nervous Nelly Negotiate? How Anxiety Causes Negotiators to Make Low First Offers, Exit Early, and Earn Less Profit," *Organizational Behavior and Human Decision Processes* 115, no. 1 (May 2011): 43– 54, www. sciencedirect.com/science/article/pii/S0749597811000227.

117　比男性同事接手更多：Kathy Caprino, "Intimidated to Negotiate for Yourself? 5 Critical Strategies to Help You Nail It," *Forbes*, October 29, 2014,www.forbes. com/sites/kathycaprino/2014/10/29/intimidated-to-negotiate-for-yourself-5- critical-strategies-to-help-you-nail-it/#1584039173f6.

117　金額和男性一樣：Emily T. Amanatullah and Michael W. Morris, "Negotiating Gender Roles: Gender Differences in Assertive Negotiating Are Mediated by Women's Fear of Backlash and Attenuated When Negotiating on Behalf of Others," *Journal of Personality and Social Psychology* 98, no. 2 (February 2010): 256– 67,www.ncbi.nlm.nih.gov/pubmed/20085399.

118　「薪資以外的福利」：Andreas Jäger et al., "Using Self-regulation to Successfully Overcome the Negotiation Disadvantage of Low Power," *Frontiers in Psychology* 8 (2017):271, www.ncbi.nlm.nih.gov/pubmed/28382005.

118　減少意外發生、疾病感染率和死亡率：Atul Gawande, "The Checklist," *New Yorker*, December 10, 2007, www.newyorker.com/magazine/2007/12/10/the- checklist.

120　「留在現職，並要求升遷」：Therese Huston, *How Women Decide: What's True, What's Not, and What Strategies Spark the Best Choices* (New York: Houghton Mifflin Harcourt, 2016).

120 心理學家塔莎‧尤瑞奇（Tasha Eurich）寫道：Tasha Eurich, "To Make Better Decisions, Ask Yourself 'What,' Not 'Why,' " *New York*, May 2, 2017, www.thecut.com/2017/05/to-make-better-decisions-ask-yourself-what-not-why. html.

121 最後選擇一個較客觀的決定：Sheena S. Iyengar et al., "Doing Better but Feeling Worse: Looking for the 'Best' Job Undermines Satisfaction," *Psychological Science* 17, no. 2(February 2006): 143– 50, http://journals. sagepub.com/doi/abs/10.1111/j.1467–9280.2006.01677.x.

122 從這些不錯的選項中選出最好：Tibor Besedeš et al., "Reducing Choice Overload without Reducing Choices," *Review of Economics and Statistics* 97, no. 4 (October 2015):793–802,www.mitpressjournals.org/doi/abs/10.1162/ REST_a_00506?journalCOde=rest#.VNI34mTF8rM.

122 更準確地衡量每一個決定的好壞：Stephen M. Fleming, "Hesitate! Quick decision-making might seem bold, but the agony of indecision is your brain's way of making a better choice," *Aeon*, January 8, 2014, https://aeon.co/essays/ forget- being-boldly-decisive- let- your-brain- take-its-time.

第五章：這樣工作，團隊有力

128 「寫錯字會讓你很困擾嗎？」：Stu Woo, "In Search of a Perfect Team at Work," *Wall Street Journal*, April 4, 2017, www.wsj.com/articles/in-search-of-a-perfect-team-at-work-1489372003.

129 「在團隊中似乎不重要」：Charles Duhigg, "What Google Learned from Its Quest to Build the Perfect Team," *New York Times*, February 25, 2016, www. nytimes.com/2016/02/28/magazine/what-google-learned-from-its-quest-to-build-the-perfect-team.html.

129 也不覺得丟臉：Julia Rozovsky, "The Five Keys to a Successful Google Team," Google re: Work, November 17, 2015,rework.withgoogle.com/blog/five-keys-to-a-successful-google-team.

129 效能多出一倍：Ibid.

129 一組聰明的團隊：David Engel et al., "Reading the Mind in the Eyes or

Reading between the Lines? Theory of Mind Predicts Collective Intelligence Equally Well Online and Face-to-Face," *PLOS One*, December 16, 2014,http://journals.plos.org/plosone/article?id=10.1371/journal.pone.0115212.

129 對於他人的感受較為敏感：Ibid.

130 還開了錯誤的處方：Jennifer Breheny Wallace, "The Costs of Workplace Rudeness," *Wall Street Journal*, August 18, 2017,www.wsj.com/articles/the-costs-of-workplace- rudeness-1503061187.

130 建立多元的團隊：Duhigg, "What Google Learned."

131 充滿了創造力：Christoph Riedl and Anita Williams Woolley, "Teams vs. Crowds:A Field Test of the Relative Contribution of Incentives, Member Ability, and Emergent Collaboration to Crowd-Based Problem Solving Performance," *Academy of Management Discoveries* 3, no. 4(December 2016), https://pdfs.semanticscholar.org/6687/637acceb6a73a803d0be60eed2f94aebe631.pdf.

132 一間公司的高階主管曾寫道：Dara Khosrowshahi, "Uber's New Cultural Norms," LinkedIn, November 7, 2017, www.linkedin.com/pulse/ubers-new-cultural-norms-dara-khosrowshahi.

132 「你想要聽到一大堆不同的意見」：Tim Adams, "Secrets of the TV Writers' Room: Inside Narcos, Transparent and Silicon Valley," *Guardian*, September 23, 2017, www.theguardian.com/tv-and-radio/2017/sep/23/secrets-of-the-tv-writers-rooms-tv-narcos-silicon-valley-transparent.

133 IDEO 前任合夥人：Daniel Coyle, *The Culture Code: The Secrets of Highly Successful Groups* (New York: Bantam, 2018).

133 「完整思考的框架」：Ibid.

135 產品經理拜恩（B. Byrne）：作者與 B・拜恩面談，2018 年 1 月 14 日。

136 「在五分鐘的談話中提到的內容」：作者與強納森・邁可布萊德進行電話訪談，2017 年 11 月 29 日。

137 牛仔玩偶胡迪：Bryan Bishop, "Toy Story, 20 Years Later: How Pixar Made Its First Blockbuster," *The Verge*, March 17, 2015,www.theverge.com/2015/3/17/8229891/sxsw-2015-toy-story-pixar-making-of-20th-anniversary.

137 我們朋友創造的詞：Debra Gilin Oore, "Individual and Organizational Factors Promoting Successful Responses to Workplace Conflict," *Canadian Psychology* 56, no. 3 (2015):301–10,www.researchgate.net/profile/Michael_Leiter/publication/282295599_Individual_and_Organizational_Factors_Promoting_Successful_Responses_to_Workplace_Conflict/links/5645f7a008ae451880aa2295.pdf.

137 比單獨作業：Ibid.

138 動畫電影《腦筋急轉彎》："Inside Out Animation Dailies at Pixar," *Arts & Craft Family*, May 26, 2015, www.artcraftsandfamily.com/inside-out-animation-dailies-at-pixar-animation-studios.

138 皮克斯動畫師維克多・納弗尼（Victor Navone）寫道：Victor Navone, "Inside Dailies at Pixar: Expressing Your Opinion about Changes in Animation," *Animation Mentor*, September 20, 2017,http://blog.animationmentor.com/inside-dailies-at-pixar-expressing-your-opinion-about-changes-in-animation.

138 當團隊花點時間：Kristin J. Behfar et al., "The Critical Role of Conflict Resolution in Teams: A Close Look at the Links Between Conflict Type, Conflict Management Strategies, and Team Outcomes," *Journal of Applied Psychology* 93, no. 1 (2008): 170–88, www.socialresearchmethods.net/research/JAP%20Conflict%20Resolution%202008.pdf.

138 好壞建議：Tony L. Simons and Randall S. Peterson, "Task Conflict and Relationship Conflict in Top Management Teams: The Pivotal Role of Intragroup Trust," *Journal of Applied Psychology* 85, no. 1 (2000): 102–111, http://scholarship.sha.cornell.edu/cgi/viewcontent.cgi?article=1723&context=articles.

139 合作進行更順暢：David Politis, "This Is How You Revolutionize the Way Your Team Works Together: And All It Takes Is 15 Minutes," LinkedIn, March 29, 2016,www.linkedin.com/pulse/how-you-revolutionize-way-your-team-works-together-all-david-politis.

139 建議你空下一個小時：Ibid.

141 賴瑞・大衛（Larry David）讓海蒂下戲去領便當：Joe Tacopino, " 'Seinfeld'

cast hated Susan so Larry David killed her off," *New York Post*, June 4, 2015, https://nypost.com/2015/06/04/seinfeld-cast-didnt-like-susan-so-larry-david-killed-her-off.

142 來測試想法：Amy Gallo, "Dealing with Conflict Avoiders and Seekers," *Harvard Business Review*, April 6, 2017, https://hbr.org/ideacast/2017/04/dealing-with-conflict-avoiders-and-seekers.

142 紛爭重新定義為查證確認的奮鬥戰：Joseph Grenny, "How to Save a Meeting That's Gotten Tense," *Harvard Business Review*, December 29, 2017, https://hbr.org/2017/12/how-to-save-a-meeting-thats-gotten-tense.

143 「他們對於有機會能討論問題」：Kim Scott, *Radical Candor* (New York: St. Martin's, 2017).

143 要求團隊成員在爭吵時：Laura Delizonna, "High-performing Teams Need Psychological Safety. Here's How to Create It," *Harvard Business Review*, August 24,2017,https://hbr.org/2017/08/high-performing-teams-need-psychological-safety-heres-how-to-create-it.

143 同事還是惹你抓狂：Amy Gallo, "4 Types of Conflict and How to Manage Them," *Harvard Business Review*, November 25, 2015, https://hbr.org/ideacast/2015/11/4-types-of-conflict-and-how-to-manage-them.

144 扭曲你對現實的看法：Barbara L. Fredrickson and Christine Branigan, "Positive Emotions Broaden the Scope of Attention and Thought-action Repertoires," *Cognition and Emotion*19, no. 3 (May 1, 2005): 313–32,www.ncbi.nlm.nih.gov/pmc/articles/PMC3156609.

145 「我們一起揭露這些」：Delizonna, "High-performing Teams Need Psychological Safety."

145 「掃興者或者不忠誠的人」：Astro Teller, "The Head of 'X' Explains How to Make Audacity the Path of Least Resistance," *Wired*, April 15, 2016,www.wired.com/2016/04/the-head-of-x-explains-how-to-make-audacity-the-path-of-least-resistance.

146 懷有成見的行為或回應：Alexander M. Czopp et al., "Standing Up for a Change:Reducing Bias through Interpersonal Confrontation," *Journal of*

Personality and Social Psychology 90, no. 5 (2006): 784–803,https://pdfs. semanticscholar.org/f3c7/4aa95cb2d4ce04cfccbf7298290ce3cbb370.pdf.

146 試著模仿他們的行為：Amy Gallo, "Why We Should Be Disagreeing More at Work," *Harvard Business Review*, January 3, 2018, https://hbr.org/2018/01/why-we-should-be-disagreeing-more-at-work.

147 多喜歡主管：Steven G. Robelberg et al., "Employee Satisfaction with Meetings:A Contemporary Facet of Job Satisfaction," *Human Resource Management*, 49, no. 2(March–April 2010): 149–72,https://orgscience.uncc.edu/ sites/orgscience.uncc.edu/files/media/syllabi/9fcfd510ec7a528af7.pdf.

147 空檔時間根本什麼也做不了：Paul Graham, "Maker's Schedule, Manager's Schedule," PaulGraham.com, July 2009,www.paulgraham.com/makersschedule. html.

149 團隊績效下滑了 40%："Ruining It for the Rest of Us," *This American Life*, Episode 370, December 19, 2008,www.thisamericanlife.org/radio-archives/ episode/370/ruining-it-for-the-rest-of-us.

149 「職業技能，或表現也不差」：Seth Godin, "Let's Stop Calling Them 'Soft Skills,' " *Medium*, January 31, 2017, https://itsyourturnblog.com/lets-stop-calling-them-soft-skills-9cc27ec09ecb.

150 「訓練一個資質不夠的人」：Tiziana Casciaro and Miguel Sousa Lobo, "Competent Jerks, Lovable Fools, and the Formation of Social Networks," *Harvard Business Review*, June 2005,https://hbr.org/2005/06/competent-jerks-lovable-fools-and-the-formation-of-social-networks.

150 備受輕視和洩氣：Ellen Simon, "He Wrote the Book on Work Jerks," *Washington Post*, March 15, 2007, www.washingtonpost.com/wp-dyn/content/article/ 2007/03/15/AR2007031501044_pf.html.

150 團隊的動力和士氣：Amy Gallo, "How to Handle the Pessimist on Your Team," *Harvard Business Review*, September 17, 2009, https://hbr.org/2009/09/ how-to-handle-the-pessimist-on.

151 喜歡和跟我們相似或熟悉的人：Casciaro and Lobo, "Competent Jerks."

151 「如果有人給你一瓶毒藥」：Liz Dolan and Larry Seal, "Sexism: from

Annoyance to Conspiracy," *I Hate My Boss* podcast, Season 1, Episode 13, June 19, 2017,https://itunes.apple.com/us/podcast/i-hate-my-boss/ id1148704291?mt=2.

152 抱怨你能力不足：Casciaro and Lobo, "Competent Jerks."

152 距離約二十公尺：Thomas J. Allen, *Managing the Flow of Technology* (Cambridge, MA: MIT Press, 1984).

152 「想像在一天、一星期或一年後」：Bob Sutton, "The Asshole Survival Guide: The Backstory," *Quiet Rev*, accessed April 22, 2018, www.quietrev.com/ asshole-survival-guide-backstory.

153 「否定掉一個人的專業技能」：作者與喬・沙普羅進行電話訪談，2018 年 1 月 16 日。

154 「『這永遠沒搞頭』是這種人的座右銘」：Mark Suster, "Lead, Follow or Get the Fuck Out ofthe Way," *Medium*, April 28, 2016, https:// bothsidesofthetable.com/lead-follow-or-get-the-fuck-out-of-the-way-668000be6e47.

154 設計出更好的結果：Peter M. Senge, *The Fifth Discipline: The Art and Practice of the Learning Organization* (New York: Doubleday, 2006).

155 樂觀與悲觀評論的數量比例有五比一：Amy Gallo, "How to Handle the Pessimist."

155 聽過吸盤效應嗎：Min Zhu, "Perception of Social Loafing, Conflict, and Emotionin the Process of Group Development," University of Minnesota PhD dissertation, August 2013, https://conservancy.umn.edu/handle/11299/160008.

156 付出能帶來有益的結果：Steven J. Karau and Kipling D. Williams, "Social Loafing: A Meta-analytic Review and Theoretical Integration," *Journal of Personality and Social Psychology* 65, no. 4 (October 1993), https://pdfs. semanticscholar.org/dbfb/3c9153d3aa75d98460e83fa180bc9650d6fd.pdf.

156 被無視，或無法融入：James A. Shepperd and Kevin M. Taylor, "Social Loafing and Expectancy-Value Theory," *Personality and Social Psychology Bulletin* 25, no. 9 (September 1, 1999): 114758, http://journals.sagepub.com/doi/ abs/10.1177/01461672992512008?journalCode=pspc.

156 披薩餵不飽整個團隊：Alan Deutschman, "Inside the Mind of Jeff Bezos," *Fast Company*, August 1, 2004, www.fastcompany.com/50106/inside-mind-jeff-bezos.

156 「信任的最小原子單位」：Keith Yamashita, "Keith Yamashita on the 9 Habits of Great Creative Teams," *Rethinked*, June 10, 2013, http://rethinked. org/?tag=duos.

157 而非依據個人努力：Karau and Williams, "Social Loafing: A Metaanalytic Review."

157 誰準時完成工作：Christel G. Rutte, "Social Loafing in Teams," *International Handbook of Organizational Teamwork and Cooperative Working* (Chichester, UK: Wiley, 2008), 1372–75, https://onlinelibrary.wiley.com/doi/10.1002/9780470696712.ch17.

157 「只要你不是闖進辦公室並不斷抱怨」：Liz Dolan and Larry Seal, "After Hours 8: The Slacker and the Over-sharer," *I Hate My Boss* podcast, June 15, 2017,www.stitcher.com/podcast/wondery/i-hate-my-boss/e/50486806.

第六章：這樣工作，溝通有力

161 伊藍在《紐約時報》訪問：Laura M. Holson, "Anger Management: Why theGenius Founders Turned to Couples Therapy," *New York Times*, April 17, 2015,www.nytimes.com/2015/04/19/fashion/anger-management-why-the-genius-founders-turned-to-couples-therapy.html.

161 「認為對方是在針對自己」：作者與湯姆・黎曼面談，2017 年 7 月。

161 伊藍自顧自地離開：Holson, "Anger Management."

162 「原因出在彼此的關係」：與黎曼面談。

162 哲學家艾倫・狄波頓（Alain de Botton）寫道：Alain de Botton, "Why You Will Marry the Wrong Person," *New York Times*, May 28, 2016, www.nytimes. com/2016/05/29/opinion/sunday/why-you-will-marry-the-wrong-person.html.

162 「話語是進入世界的窗口」：Jenna Goudreau, "Harvard Psychologist Steven Pinker: The No. 1 Communication Mistake That Even Smart People Make," *CNBC*, February 20, 2018,www.cnbc.com/2018/02/20/harvard-psychologist-

steven-pinker-shares-no-1-communication-mistake.html.

163 高難度的對談：Matt Scott, "Top 10 Difficult Conversations: New (Surprising) Research," *Chartered Management Institute*, July 29, 2015, www.managers.org. uk/insights/news/2015/july/the-10-most-difficult- conversations-new-surprising-research.

163 總試圖避免：Douglas Stone, Bruce Patton, and Sheila Heen, *Difficult Conversations: How to Discuss What Matters Most* (New York: Penguin, 2010).

164 「問題遲早會出現」：Holson, "Anger Management."

165 還沒準備好進行這場高難度的對話：Laura Delizonna, "High-performing Teams Need Psychological Safety. Here's How to Create It," *Harvard Business Review*, August 24, 2017,https://hbr.org/2017/08/high-performing-teams-need-psychological-safety-heres-how-to-create-it.

165 伊藍的祖父告訴他：與黎曼面談。

165 關於結婚夫妻的研究顯示：Joyce W. Yuan, "Physiological Down-regulation and Positive Emotion in Marital Interaction Emotion," *American Psychological Association* 10, no. 4(2010): 467–74,www.gruberpeplab.com/teaching/ psych231_fall2013/documents/231_Yuan2010.pdf.

165 解決問題的速度也愈快：Yuan, "Physiological Down-regulation."

166 史丹佛大學商學院學生：作者與克里斯‧葛莫斯進行電話訪談，2018 年 2 月 22 日。

166 新創公司經營者克里斯‧葛莫斯（Chris Gomes）：Ibid.

166 「你已經遲到了還悠哉」：Holson, "Anger Management."

169 下一輪的升遷裡，性別差異：作者與拉茲洛‧博克面談，2018 年 3 月 8 日。

170 若女性說話充滿自信：Deborah Tannen, *Talking from 9 to 5: Women and Men at Work* (New York: William Morrow, 1991).

170 現場的少數族群：Christopher Karpowitz and Tali Mendelberg, *The Silent Sex: Gender, Deliberation, and Institutions* (Princeton, NJ: Princeton University Press, 2014).

170 打斷他人說話：Adrienne B. Hancock and Benjamin A. Rubin, "Influence of Communication Partner's Gender on Language," *Journal of Language and*

Social Psychology 34, no. 1 (2015),http://journals.sagepub.com/doi/abs/10.1177/0261927X14533197?papetoc=.

170 很快地自認為是專家：Muriel Niederle and Lise Vesterlund, "Do Women Shy Away from Competition? Do Men Compete Too Much?" *Quarterly Journal of Economics* 122, no. 3 (August 1, 2007): 1067–1101, https://doi.org/10.1162/qjec.122.3.1067.

171 「認為自己是餵奶專家」：Susan Chira, "Why Women Aren't C.E.O.s, According to Women Who Almost Were," *New York Times*, July 21, 2017,www.nytimes.com/2017/07/21/sunday-review/women-ceos-glass-ceiling.html.

171 歐巴馬總統當時意識到了："The Clever Strategy Obama's Women Staffers Came Up with to Make Sure They Were Being Heard," *Women in the World*, September 14, 2016,http://nytlive.nytimes.com/womenintheworld/2016/09/14/the-clever-strategy-obamas-women-staffers-came-up-with-to-make-sure-they-were-being-heard.

172 面對歧視和騷擾：Alexander M. Czopp, "Standing Up for a Change:Reducing Bias through Interpersonal Confrontation," *Journal of Personality and Social Psychology* 90, no. 5 (2006): 784–803, https://pdfs.semanticscholar.org/f3c7/4aa95cb2d4ce04cfccbf7298290ce3cbb370.pdf.

172 「對於細節的想法」：Francesca Gino, "How to Handle Interrupting Colleagues," *Harvard Business Review*, February 22, 2017, https://hbr.org/2017/02/how-to-handle-interrupting-colleagues.

172 《It's Always Personal》作者安·克里莫（Anne Kreamer）：作者與其進行電話訪談，2018 年 3 月 6 日。

173 一旁擔任情緒支柱：Lorna Collier, "Why We Cry," *Monitor on Psychology* 45, no. 2 (February 2014), www.apa.org/monitor/2014/02/cry.aspx.

173 塑造成熱情，你的眼淚在他人眼裡：Elizabeth Baily Wolf, Jooa Julia Lee, Sunita Sah, and Alison Wood Brooks, "Managing Perceptions of Distress at Work: Reframing Emotion as Passion," *Organizational Behavior and Human Decision Processes* 137 (November 2016): 1–12,www.hbs.edu/faculty/Pages/item.aspx?num=51400.

173 「使用哭泣室的人」：Jennifer Palmieri, *Dear Madam President* (Grand Central Publishing: New York, 2018).

174 「大吼大叫，生氣發怒」：Eric Johnson, "Six Things We Can Do Today to Help Women Succeed in the Workplace," *Recode*, March 26, 2018,www.recode. net/2018/3/26/17162636/six-things-help-women-succeed-workplace-diversity-training-what-she-said-joanne-lipman-recode-decode.

175 就開始像對待其他同事：作者與琪莎‧理查森面談，2018 年 5 月 14 日。

175 「也無法去傾聽彼此」：Kira Hudson Banks, "Talking about Race at Work," *Harvard Business Review*, March 3, 2016,https://hbr.org/ideacast/2016/03/talking-about-race-at-work.html.

175 「傷害或者冒犯你」："Engaging in Conversations about Gender, Race, and Ethnicity in the Workplace," *Catalyst*, 2016, www.catalyst.org/system/files/engaging_in_conversations_about_gender_race_and_ethnicity_in_the_workplace.pdf.

175 隱諱的意有所指之下：Ian Haney Lopez, *Dog Whistle Politics: How Coded Racial Appeals Have Reinvented Racism and Wrecked the Middle Class* (Oxford: Oxford University Press, 2015).

175 我們反而愈帶有偏見：Victoria C. Plaut, Kecia M. Thomas, and Matt J. Goren, "Is Multi-culturalism or Color Blindness Better for Minorities?" *Psychological Science* 20, no. 4(2009):444–46.

176 演變成種族歧視：Seval Gündemir and Adam D. Galinsky, "Multicolored Blindfolds: How Organizational Multiculturalism Can Conceal Racial Discrimination and Delegitimize Racial Discrimination Claims," *Social Psychological and Personality Science*(August 2017), http://journals.sagepub.com/doi/abs/10.1177/1948550617726830.

176 Founder Gym 執行長曼德拉‧迪克松（Mandela SH Dixon）：Mandela SH Dixon, "My White Boss Talked about Race in America and This Is What Happened," *Medium*, July 9, 2016, https://medium.com/kapor-the-bridge/my-white-boss-talked-about-race-in-america-and-this-is-what-happened-fe10f1a00726.

176 比 2000 年多出一倍：Chip Conley, "I Joined Airbnb at 52, and Here's What I Learned about Age, Wisdom, and the Tech Industry," *Harvard Business Review*, April 18,2017, https://hbr.org/2017/04/i-joined-airbnb-at-52-and-heres-what-i-learned-about-age-wisdom-and-the-tech-industry.

177 Z 世代，1997 年後出生：Jeanne C. Meister and Karie Willyerd, "Are You Ready to Manage Five Generations of Workers?" *Harvard Business Review*, October 16, 2009, https://hbr.org/2009/10/are-you-ready-to-manage-five-g.

177 在 1624 年一個暴躁的人：Jon Seder, "15 Historical Complaints about Young People Ruining Everything," *Mental Floss*, August 15, 2013,http://mentalfloss. com/article/52209/15-historical-complaints-about-young-people-ruining-everything.

177 在數位化的工作環境裡已是毫無希望："Generation Stereotypes," *Monitor on Psychology* 36, no. 6(June 2005): 55, www.apa.org/monitor/jun05/stereotypes. aspx.

178 「隨著他們年紀大了，也就受夠自己了」：Carolyn Baird, "Myths, Exaggerations, and Uncomfortable Truths: The Real Story behind Millennials in the Workplace," IBM Institute for Business Value, accessed April 21, 2017, http://www-935.ibm.com/services/us/gbs/thoughtleadership/millennialworkplace.

178 雙方的心靈視野，減少歧視：Meister and Willyerd, "Are You Ready . . . ?"

178 「若你提供某項商品，卻沒有人使用」：Conley, "I Joined Airbnb at 52."

179 我們在四十至五十歲時最能發揮：Joshua K. Hartshorne and Laura T. Germine, "When Does Cognitive Functioning Peak? The Asynchronous Rise and Fall of Different Cognitive Abilities Across the Life Span," *Psychological Science* 26, no. 4 (April 2015): 433–43,http://journals.sagepub.com/doi/abs/10.1177/0956797614567339.

179 「這麼多人的場合中成為焦點」：Erin Meyer, "Managing Confrontation in Multicultural Teams," *Harvard Business Review*, April 6, 2012,https://hbr.org/2012/04/how-to-manage-confrontation-in.

179 認為能自在表達的情緒：Lydia Itoi, "Distinguished Lecture: How Does Culture Shape Our Feelings?" Stanford Distinguished Lecture by Jeanne Tsai,

September 25, 2015, https://bingschool.stanford.edu/news/distinguished-lecture-how-does-culture-shape-our-feelings.

180 「覺得你心情不好」：Itoi, "Distinguished Lecture."

180 情緒表達的傾向：Erin Meyer, "Getting to Si, Ja, Oui, Hai, and Da," *Harvard Business Review*, December 2015, https://hbr.org/2015/12/getting-to-si-ja-oui-hai-and-da.

181 「我不太了解你的重點」：Meyer, "Managing Confrontation."

181 表面上不會表現出感激：Miriam Eisenstein and Jean W. Bodman, " 'I Very Appreciate': Expressions of Gratitude by Native and Non-native Speakers of American English," *Applied Linguistics* 7, no. 2 (July 1, 1986): 167–85, https://academic.oup.com/applij/article-abstract/7/2/167/163718.

183 在嘈雜的環境中才能做得更好：Russell G. Geen, "Preferred Stimulation Levels in Introverts and Extroverts: Effects on Arousal and Performance," *Journal of Personality and Social Psychology* 46, no. 6 (1984): 1303–12, www.researchgate.net/publication/232469347_Preferred_stimulation_levels_in_introverts_and_extroverts_Effects_on_arousal_and_performance.

183 內向的人對檸檬汁：Susan Cain, *Quiet: The Power of Introverts in a World That Can't Stop Talking* (New York: Broadway Books, 2013).

185 接受到批評的反饋："The Perils of Performance Appraisals," Association for Psychological Science, January 9, 2014, www.psychologicalscience.org/news/minds-business/the-perils-of-performance-appraisals.html.

186 比我們自己認為的還負面：Paul Green Jr. et al., "Shopping for Confirmation: How Disconfirming Feedback Shapes Social Networks," Harvard Business School Working Paper, September 2017, https://hbswk.hbs.edu/item/shopping-for-confirmation-how-disconfirming-feedback-shapes-social-networks.

187 他們需要的資訊：Harriet B. Braiker, *The Disease to Please: Curing the People-pleasing Syndrome* (New York: McGraw-Hill Education, 2002).

187 接收到一般的評論：Shelley Correll and Caroline Simard, "Research: Vague Feedback Is Holding Women Back," *Harvard Business Review*, April 29, 2016, https://hbr.org/2016/04/research-vague-feedback-is-holding-women-back.

187 「評論失焦了」：Nora Caplan-Bricker, "In Performance Reviews,Women Get Vague Generalities, While Men Get Specifics," *Slate*, May 2, 2016,www.slate.com/blogs/xx_factor/2016/05/02/stanford_researchers_say_women_get_vague_feedback_in_performance_reviews.html.

188 能力可以彌補：作者與卡德‧麥西面談，2017 年 10 月 6 日。

188 「你對此有什麼看法嗎？」：與麥寇德面談。

188 「信心你可以做到」："The Unexpected Sparks of Creativity, Confrontation and Office Culture," Goop Podcast interview with Adam Grant, March 29, 2018, https://itunes.apple.com/us/podcast/the-goop-podcast-debuts-march-8th/id13525 46554?i=1000403531927&mt=2.

188 是別人怎麼聽：作者與金‧史考特進行電話訪談，2018 年 1 月 22 日。

190 她可以立刻改善：Elaine D. Pulakos et al., "Performance Management Can Be Fixed: An On-the-Job Experiential Learning Approach for Complex Behavior Change," *Industrial and Organizational Psychology* 8, no. 1 (March 2015): 51-76,www.cambridge.org/core/services/aop-cambridge-core/content/view/S1754942614000029.

191 臉書副總裁馬克‧羅布金（Mark Rabkin）：Mark Rabkin, "Awkward 1:1:The Art of Getting Honest Feedback," *Medium*, May 21, 2017,https://medium.com/@mrabkin/awkward-1-1s-the-art-of-getting-honest-feedback-2843078b2880.

191 最信任以及最容易取得聯繫：David A. Hofmann et al., "Seeking Help in the Shadow of Doubt: The Sensemaking Processes Underlying How Nurses Decide Whom to Ask for Advice," *Journal of Applied Psychology* 94, no. 5 (2009): 1261–74.http://psycnet.apa.org/record/2009–12532–010.

191 才能讓我們進步：Arie Nadler, "To Seek or Not to Seek: The Relationship between Help Seeking and Job Performance Evaluations as Moderated by Taskrelevant Expertise," *Journal of Applied Social Psychology* 33, no. 1 (July 31, 2006): 91–109,https://onlinelibrary.wiley.com/doi/abs/10.1111/j.1559–1816.2003.tb02075.x.

191 「可不想變得尷尬」：Ilan Zechory and Tom Lehman, "The Genius ISMs,"

Genius, October 6, 2014, https://genius.com/Genius-the-genius-isms-annotated.

192 原意很好的建議也會帶著不準確的因子：Rachel Emma Silverman, "Gender Bias at Work Turns Up in Feedback," *Wall Street Journal*, September 30, 2015,www.wsj.com/articles/gender-bias-at-work-turns-up-in-feedback-1443600759.

194 有損你的專業形象：Lila MacLellan, "The Smiley Face Emoji Has a 'Dark Side,' Researchers Have Found," *Quartz*, August 28, 2017,https://qz.com/1063726/the-smiley-face-emoji-has-a-dark-side-researchers-have-found.

194 非常生氣的訊息：Rachel Sugar, "Your Email Typos Reveal More about You Than You Realize," *Business Insider*, May 31, 2015,www.businessinsider.com/typos-in-emails-2015–5.

194 「每個人都舉手了」：作者與布萊恩‧費瑟斯頓豪面談，2017年12月11日。

196 不會漏掉任何訊息：Stella Garber, "Tips for Managing a Remote Team," *Trello*(blog), May 13, 2015, https://blog.trello.com/tips-for-managing-a-remote-team.

198 等你冷靜之後：與黎曼面談。

199 不值得信任，或者並不怎麼緊急：M. Mahdi Roghanizad and Vanessa K. Bohns, "Ask in Person: You're Less Persuasive Than You Think over Email," *Journal of Experimental Social Psychology* 69(March 2017): 223–26,www.sciencedirect.com/science/article/pii/S002210311630292X.

199 工作計畫及家鄉背景：Andrew Brodsky, "The Dos and Don'ts of Work Email, from Emojis to Typos," *Harvard Business Review*, April 23, 2015, https://hbr.org/2015/04/the-dos-and-donts-of-work-email-from-emojis-to-typos.

199 和第二組幾乎每個人相比：Michael Morris, "Schmooze or Lose: Social Friction and Lubrication in E-Mail Negotiations," *Group Dynamics: Theory, Research, and Practice* 6, no. 1 (2002): 89–100, www.law.northwestern.edu/faculty/fulltime/nadler/Morris_Nadler_SchmoozeOrLose.pdf.

199 山寨帳戶 AcademicsSay：Nathan C. Hall (@academicssay), "I am away from the office and checking email intermittently. If your email is not urgent, I'll probably still reply. I have a problem," Twitter, May 4, 2014,https://twitter.com/academicssay/status/463113312709124096.

第七章：這樣工作，文化有力

203 「癟嘴就表示……大難臨頭」："The Devil Wears Prada Quotes," IMDB. com, accessed April 11, 2108, www.imdb.com/title/tt0458352/quotes.

204 主觀解讀她傳達的情緒：Ella Glikson and Miriam Erez, "Emotion Display Norms in Virtual Teams," *Journal of Personnel Psychology* no. 12 (2013): 22–32,http://econtent.hogrefe.com/doi/full/10.1027/1866–5888/a000078.

204 訊息長度、標點符號、動畫和表情符號：Ibid.

204 散播到莫莉她先生的同事群：Winnie Yu, "Workplace Rudeness Has a Ripple Effect," *Scientific American*, January 1, 2012, www.scientificamerican.com/article/ripples-of-rudeness.

204 好好地回信，寄出之後再回來：Anese Cavanaugh, *Contagious Culture: Show Up, Set the Tone, and Intentionally Create an Organization That Thrives* (NewYork:McGraw-Hill, 2015).

205 「這樣的工作效率也比較好」：作者與葛瑞琴・魯賓進行電話訪談，2018 年 2 月 23 日。

205 「跟我說一件」：Adam Grant, "The One Question You Should Ask about Every New Job," *New York Times*, December 19, 2015,www.nytimes.com/2015/12/20/opinion/sunday/the-one-question-you-should-ask-about-every-new-job.html.

208 把工作做好和準時交付的能力：Sigal Barsade, "Balancing Emotional and Cognitive Culture," *Wharton Magazine*, Spring/Summer 2016,http://whartonmagazine.com/issues/spring-2016/balancing-emotional-and-cognitive-culture.

208 讓他人躲開必要的衝突：Sigal Barsade and Olivia A. O'Neill, "Manage Your Emotional Culture," *Harvard Business Review*, February 2016,https://hbr.org/2016/01/manage-your-emotional-culture.

208 往往有較高的離職率：Kim Cameron et al., "Effects of Positive Practices on Organizational Effectiveness," *Journal of Applied Behavioral Science*(January 26, 2011), http://journals.sagepub.com/doi/10.1177/0021886310395514.

208 為公司帶來較低的收入：Leanne ten Brinke et al., "Hedge Fund Managers with Psychopathic Tendencies Make for Worse Investors," *Personality and*

Social Psychology Bulletin, October 19, 2017, http://journals.sagepub.com/doi/full/10.1177/0146167217733080.

209 更容易做出錯誤的決定：Barry M. Staw et al., "Threat-rigidity Effects in Organizational Behavior: A Multilevel Analysis," *Administrative Science Quarterly* 26, no. 4 (1981): 501–24,www.jstor.org/stable/2392337?seq=1#page_scan_tab_contents.

209 面對工作壓力也更得心應手：Emily D. Heaphy and Jane E. Dutton, "Positive Social Interactions and the Human Body at Work: Linking Organizations and Physiology," *Academy of Management Review* 22, no. 1 (2008): 137–62, http://webuser.bus.umich.edu/janedut/POS/Heaphy%20and%20Dutton%20amr.pdf.

209 不帶著憤怒情緒：Kim Cameron, "Leadership through Organizational Forgiveness," University of Michigan Ross School of Business, accessed April 12,2018, www.bus.umich.edu/facultyresearch/research/TryingTimes/Forgiveness.htm.

209 影響整個公司：James H. Fowler and Nicholas A. Christakis, "Cooperative Behavior Cascades in Human Social Networks," *Proceedings of the National Academy of Science* 107, no. 12 (March 23, 2010): 5334–38,www.pnas.org/content/107/12/5334.full.

210 「多微笑會少很多客訴喔」：Shawn Achor, *Before Happiness* (NewYork: Crown Business, 2013).

210 在辦公室裡掛了好幾張：Giles Turnbull, "It's ok to say what's ok," UK Government Blog, https://gds.blog.gov.uk/2016/05/25/its-ok-to-say-whats-ok.

210 有助於新進同事更快速且更容易適應文化：作者與吉爾斯‧特溫博進行電子郵件訪談，2017 年 3 月 20 日。

210 增加職場中的快樂和動力：Sigal Barsade and Olivia A. O'Neill, "Manage Your Emotional Culture," *Harvard Business Review*, January–February 2016, https://hbr.org/2016/01/manage-your-emotional-culture.

212 「改善這個過程呢」：Douglas Stone et al., *Difficult Conversations* (NewYork: Penguin, 2010).

212 「還是離開這份工作吧」：作者與席格‧巴賽德進行電話訪談，2018 年 1 月 21 日。

212 「別和他閒聊了」：Paul Kalanithi, *When Breath Becomes Air* (New York: Random House, 2016).

212 康乃爾大學教授凱文・尼芬（Kevin Kniffin）解釋：Susan Kelley, "Groups That Eat Together Perform Better Together," *Cornell Chronicle*, November 19, 2015, http://news.cornell.edu/stories/2015/11/groups-eat-together-perform-better-together.

213 每年提升估計達 1,500 萬美元的績效：Alex Pentland, *Honest Signals* (Cambridge, MA: MIT Press, 2008).

213 要不要在咖啡杯上寫下名字：作者與山下凱斯面談，2017 年 12 月 19 日。

213 全程贊助員工來一趟不限地點的七天之旅："Tory Burch: A Culture of Women's Empowerment," *Business of Fashion*, May 20, 2014, www.businessoffashion.com/articles/careers/tory-burch-culture-womens-empowerment.

215 ServiceNow 人力資源部：作者與派蒂・瓦朵進行電話訪談，2017 年 12 月 13 日。

218 「喚我的名字，就像你喚其他人」：與山下凱斯面談。

219 離職率的最佳預測指標：Katie Benner, "Slack, an Upstart in Messaging, Now Faces Giant Tech Rivals," *New York Times*, April 16, 2017, www.nytimes.com/2017/04/16/technology/slack-employee-messaging-workplace.html.

219 從「我」改成「我們」：Gabriel Doyle et al., "Alignment at Work: Using Language to Distinguish the Internalization and Self-regulation Components of Cultural Fit in Organizations," *Proceedings of the 55th Annual Meeting of the Association for Computational Linguistics*, July 2017, 603–12, www.aclweb.org/anthology/P17-1056.

221 「從錯誤中學習的空間」：與瓦朵面談。

221 眼鏡公司 Warby Parker，員工會在新同事報到之前打電話：Krystal Barghelame, "What Maslow's Hierarchy of Needs Can Teach Us About Employee Onboarding," *Gusto*, accessed April 13, 2018, https://gusto.com/framework/hr/what-maslows-hierarchy-of-needs-can-teach-us-employee-onboarding.

221 九個月會有更高的工作效率："Inside Google's Culture of Success and Employee Happiness," *Kissmetrics* (blog), accessed April 13, 2018,https://blog. kissmetrics.com/googles-culture-of-success.

222 被孤立、被忽視：作者與蘿拉・薩維諾進行電話訪談，2017 年 6 月 15 日。

223 「幫助我們了解彼此」：作者與寇特妮・席特進行電話訪談，2017 年 12 月 15 日。

223 接受非正式的回饋：作者與梅根・威勒進行電話訪談，2018 年 1 月 8 日。

223 E Group 公司的克莉絲汀・奇里訶（Kristen Chirco）解釋：Jon Hainstock, "5 Proven Strategies for Motivating Employees Who Work Remotely," *Hubspot* (blog), January 26, 2017, https://blog.hubstaff.com/motivating-employees-who-work-remotely/#1.

225 她在普林斯頓大學就讀：Thomas Gilovich and Lee Ross, *The Wisest One in the Room: How You Can Benefit from Social Psychology's Most Powerful Insights* (NewYork: Free Press, 2016).

225 經歷一段時期的自我懷疑：Gregory M. Walton and Geoffrey L. Cohen, "A Question of Belonging: Race, Social Fit, and Achievement," *Journal of Personality and Social Psychology* 92, no. 1 (2007): 82–96,www.goshen.edu/wp-content/uploads/sites/2/2016/08/WaltonCohen2007.pdf.

225 「我們這種人屬於」：Carissa Romero, "Who Belongs in Tech?" *Medium*, January 26, 2016, https://medium.com/inclusion-insights/who-belongs-in-tech-9ef3a8fdd3.

226 社會學家艾達・溫菲德（Adia Harvey Wingfield）：作者與其進行電話訪談，2018 年 4 月 18 日。

226 避免口音，或者避免使用俚語：Adia Harvey Wingfield, "Being Black—but Not Too Black—in the Workplace," *The Atlantic*, October 14, 2015,www. theatlantic.com/business/archive/2015/10/being-black-work/409990.

226 低估了這種受到孤立的感覺：Loran F. Nordgren et al., "Empathy Gaps for Social Pain: Why People Underestimate the Pain of Social Suffering," *Journal of Personality and Social Psychology* 100, no. 1 (2011):120–28, http://psycnet. apa.org/record/2010–26912–002.

226 可能是非少數族群：Sylvia Ann Hewlett et al., "People Suffer at Work When They Can't Discuss the Racial Bias They Face Outside of It," *Harvard Business Review*, July 10, 2017, https://hbr.org/2017/07/people-suffer-at-work-when-they-cant-discuss-the-racial-bias-they-face-outside-of-it.

226 這種不被接納的工作環境：Gene H. Brody et al., "Resilience in Adolescence, Health,and Psychosocial Outcomes," *Pediatrics* 138, no. 6 (December 2016);http://pediatrics.aappublications.org/content/138/6/e20161042.

227 「不存在任何一絲對黑人朋友的同情」：Emily Chang, *Brotopia* (New York:Portfolio, 2018), 125.

228 「當我想尖叫時」：Seth Godin, "Emotional Labor," SethGodin.com, accessed April 8, 2018, http://sethgodin.typepad.com/seths_blog/2017/05/emotional-labor.html.

228 感受壓力，最終會心力交瘁：Susan David, "Managing the Hidden Stress of Emotional Labor," *Harvard Business Review*, September 8, 2016,https://hbr.org/2016/09/managing-the-hidden-stress-of-emotional-labor.

228 依靠她們來尋求情緒上的支持：Julia Carpenter, "The 'Invisible Labor' Still Asked of Women at Work," CNNMoney, October 18, 2017,http://money.cnn.com/2017/10/18/pf/women-emotional-labor/index.html.

228 「假裝他很迷人」：Emilie Friedlander, "The Emotional Labor of Women in the Workplace," *The Outline*, November 27, 2017, https://theoutline.com/post/2514/the-emotional-labor-of-women-in-the-workplace.

228 「我會觀察其他人說話」：Friedlander, "The Emotional Labor of Women."

229 執行長喬許‧詹姆斯：Josh James, "CEOs: Building a More Inclusive Culture Should Be at the Top of Your 2018 Plan," LinkedIn, April 4, 2018, www.linkedin.com/pulse/ceos-building-more-inclusive-culture-should-top-your-2018-josh-james.

229 「每個人都成功克服了」：Paul Tough, "Who Gets to Graduate?" *New York Times*, May 15,2014, www.nytimes.com/2014/05/18/magazine/who-gets-to-graduate.html.

229 參與干預計畫：Gregory M. Walton and Geoffrey L. Cohen, "A Brief Social-

Belonging Intervention Improves Academic and Health Outcomes of Minority Students," *Science* 331, no. 6023 (2011): 1447,http://science.sciencemag.org/content/331/6023/1447.

229 熱門的工程選修課程：Gregory M. Walton et al., "Two Brief Interventions to Mitigate a 'Chilly Climate' Transform Women's Experience, Relationships, and Achievement in Engineering," *Journal of Educational Psychology* 107 (2015): 468–85.

231 被視為威脅：Molly Reynolds, "Should We Talk about Race at Work? PwC Thinks So," *Huffington Post*, August 9, 2016, www.huffingtonpost.com/molly-reynolds/should-we-talk-about-race_b_11333870.html.

231 「展現完整的自己」：Timothy F. Ryan, " 'The Silence Was Deafening'— Why We Need to Talk about Race," LinkedIn,www.linkedin.com/pulse/silence-deafening-why-we-need-talk-race-timothy-f-ryan.

231 內容策略專員卡麥隆：Cameron Hough, "A Guide for White Allies Confronting Racial Injustice," June 23, 2015,https://drive.google.com/file/d/0B2vDBY-9AHUjQN0tJYXlLUmtJUVE/view?pref=2&pli=1.

232 目標族群以外的人：Alexander M. Czopp et al., "Standing Up for a Change: Reducing Bias Through Interpersonal Confrontation," *Journal of Personality and Social Psychology* 90, no. 5 (2006): 784–803, https://pdfs.semanticscholar.org/f3c7/4aa95cb2d4ce04cfccbf7298290ce3cbb370.pdf.

232 「即使對方不在這場會議」：作者與派蒂・瓦朵進行電話訪談，2017 年 12 月 13 日。

232 「情緒便緩和了」：Mellody Hobson, "PwC Talks: Mellody Hobson's Advice on Having Conversations about Race," *PWC*, August 7, 2015,www.youtube.com/watch?v=sXXB4NHv5hQ.

第八章：這樣工作，領導有力

239 「打破了我和他們之間無形的約定」：作者與拉茲洛・博克面談，2018 年 3 月 7 日。

241 更加善待同事：Richard E. Boyatzis, "Examination of the Neural Substrates Activated in Memories of Experiences with Resonant and Dissonant Leaders," *The Leadership Quarterly* 23 (2012): 259–72, www.criticalcoaching.com/wp-content/uploads/2015/04/Boyatzis_LeadershipQuarterl12.pdf.

241 領導人表達情緒：Peter H. Kim et al., "Power as an Emotional Liability: Implications for Perceived Authenticity and Trust after a Transgression," *Journal of Experimental Psychology* 146, no. 10 (2017): 1379–1401, http://psycnet.apa.org/record/2017–43117–001.

241 公司營運不佳：Peter J. Jordan and Dirk Lindebaumb, "A Model of Within Person Variation in Leadership: Emotion Regulation and Scripts as Predictors of Situationally Appropriate Leadership," *The Leadership Quarterly* 26 (2015): 594–605, https://pdfs.semanticscholar.org/0ed1/f04f0b822a611be1ee142e75d32d0323d9b9.pdf.

241 沒意識到對方在生氣：James J. Gross and Robert W. Levenson, "Emotional Suppression: Physiology, Self-report, and Expressive Behavior," *Journal of Personality and Social Psychology* 64, no. 6 (1993): 970–986,http://psycnet.apa.org/record/1993–36668–001.

242 質疑你的工作能力：Rikki Rogers, "TMI: How to Deal with an Oversharing Boss," *The Muse*, accessed April 21, 2018, www.themuse.com/advice/tmi-how-to-deal-with-an-oversharing-boss.

242 引起這樣負面的回應：Kerry Roberts Gibson, "When Sharing Hurts: How and Why Self-disclosing Weakness Undermines the Task-oriented Relationships of Higher Status Disclosers," *Organizational Behavior and Human Decision Processes* 144 (January 2018): 25–43,www.sciencedirect.com/science/article/pii/S0749597815302521.

242 百貨商場內的龍捲風警鈴大響：Julie Zhou, *The Making of a Manager: What to Do When Everyone Looks to You* (New York: Portfolio, 2018).

243 「我們都覺得你該早點來」：Grant Packard et al, "(I'm) Happy to Help (You): The Impact of Personal Pronoun Use in Customer-Firm Interactions," *Journal of Marketing Research*, May 2016,http://journals.ama.org/doi/abs/10.1509/

jmr.16.0118?code=amma-site.

243 「現在做什麼事可以幫得上忙？」：作者在紐約參加 Google 研發最有效的成長訓練課程「搜尋內在自我」（Search Inside Yourself, SIY），2017 年 11 月 3 日。

244 當你並不對事情負責：Susan Cain, "Not Leadership Material? Good.The World Needs Followers," *New York Times*, March 24, 2017,www.nytimes. com/2017/03/24/opinion/sunday/not-leadership-material-good-the-world-needs-followers.html.

244 問題來源，或強烈的情緒：Pablo Briñol et al., "The Effects of Message Recipients' Power Before and After Persuasion: A self-validation analysis," *Journal of Personality and Social Psychology* 93, no. 6 (2007): 1040–53, http://psycnet.apa.org/record/2007–17941–009.

244 「這兩年，我們都用錯了方式」：作者與比爾·喬治進行電話訪談，2018 年 3 月 2 日。

244 「優秀的主管玩西洋棋」：Marcus Buckingham, "What Great Managers Do," *Harvard Business Review*, March 2005,https://hbr.org/2005/03/what-great-managers-do.

245 「撫平自身的焦慮」：作者與傑瑞·克隆那進行電話訪談，2017 年 12 月 12 日。

245 「太可怕了，我需要大家的幫忙」：Carol Hymowitz, "One Woman Learned to Start Being a Leader," *Wall Street Journal*, March 16, 1999,www.wsj.com/articles/SB921531662347678470.

246 「了解你周圍的人能承載」：與拉茲洛·博克面談。

247 一番振奮人心的好成績：Tony Schwartz, "Emotional Contagion Can Take Down Your Whole Team," *Harvard Business Review*, July 11, 2012,https://hbr.org/2012/07/emotional-contagion-can-ta.

248 「當你走進那扇門」：Kim Scott, *Radical Candor* (New York: St. Martin's, 2017).

248 不知道主管生氣的原因：Lukas F. Koning and Gerben A. Van Kleef, "How Leaders' Emotional Displays Shape Followers' Organizational Citizenship

Behavior," *The Leadership Quarterly* 26, no. 4 (August 2015): 489–501, www.
sciencedirect.com/science/article/pii/S1048984315000296.

248 降低 30%：Jamil Zaki, "How to Soften the Blow of Bad News," *Wall Street Journal*, December 9, 2016,www.wsj.com/articles/how-to-soften-the-blow-of-bad-news-1481319105.

249 「這句話根本是鬼扯」：作者與金・史考特進行電話訪談，2018 年 1 月 22 日。

249 除了總統和他太太，任誰都不能打擾：David Leonhardt, "You're Too Busy, You Need A 'Schultz Hour,' " *New York Times*, April 18, 2017.

249 角色上很孤單：Thomas J. Saporito, "It's Time to Acknowledge CEO Loneliness," *Harvard Business Review*, February 15, 2012, https://hbr.org/2012/02/its-time-to-acknowledge-ceo-lo.

250 「幫助你邁向下一步」：Ilana Gershon, "The Quitting Economy: When Employees Are Treated as Short-term Assets, They Reinvent Themselves as Marketable Goods, Always Ready to Quit," *Aeon*, July 26, 2017, https://aeon.co/essays/how-work-changed-to-make-us-all-passionate-quitters.

250 新事業的最佳資訊：Lindsay Gellman, "Companies Tap Alumni for New Business and New Workers," *Wall Street Journal*, February 21, 2016,www.wsj.com/articles/companies-tap-alumni-for-new-business-and-new-workers-1456110347.

251 「但在職場上，你老闆才不會傳訊息給你咧」：作者與茱利亞・拜爾進行電話訪談，2017 年 10 月 15 日。

252 在你老闆讓你失望的時候：Shawn Achor and Michelle Gielan, "Make Yourself Immune to Secondhand Stress," *Harvard Business Review*, September 2, 2015, https://hbr.org/2015/09/make-yourself-immune-to-secondhand-stress.

253 特定的個人特質：Bill George, "True North: Discover Your Authentic Leadership," BillGeorge.com, March 28, 2007,www.billgeorge.org/articles/true-north-discover-your-authentic-leadership.

253 沒有以前友善，也變得不好親近：Dan Goleman, "Are Women More Emotionally Intelligent Than Men?" *Psychology Today*, April 29, 2011,www.

psychologytoday.com/blog/the-brain-and-emotional-intelligence/201104/are-women-more-emotionally-intelligent-men.

255 「要永遠審視自己的情緒」：Jennifer Palmieri, *Dear Madam President* (New York: Grand Central Publishing, 2018).

255 關掉情緒，並開始著手解決問題：Goleman, "Are Women More Emotionally Intelligent?"

255 尋求情緒支持的時候，感到迷惘又無助：Ibid.

255 工作能力較佳，無論男女皆是：Ibid.

256 介紹男醫師：Julia A. Mayer, "Speaker Introductions at Internal Medicine Grand Rounds: Forms of Address Reveal Gender Bias," *Journal of Women's Health* 26, no. 5 (May 2017), www.liebertpub.com/doi/abs/10.1089/jwh.2016.6044?journalCode=jwh.

256 不希望再為一名女性工作：Olga Khazan, "Why Do Women Bully Each Other at Work?" *The Atlantic*, September 2017, www.theatlantic.com/magazine/archive/2017/09/the-queen-bee-in-the-corner-office/534213.

257 「某部分會評斷我的能力，某部分又」：Ibid.

257 心理學家蘿瑞·魯德曼（Laurie Rudman）寫道：Ibid.

257 將白人視為管理階級：Ashleigh Shelby Rosette et al., "The White Standard: Racial Bias in Leader Categorization," *Journal of Applied Psychology* 93, no. 4 (2008): 758–77, www.ncbi.nlm.nih.gov/pubmed/18642982.

257 《財星》五百大執行長名單中卻幾乎不見："Asians in America: Unleashing the Potential of the 'Model Minority,'" Center for Talent Innovation, July 1, 2011, www.talentinnovation.org/publication.cfm?publication=1270.

258 「領導職位，可能有情緒上的挑戰」：作者與艾達·溫菲德進行電話訪談，2018 年 4 月 18 日。

258 領導人會因為犯錯：Robert W. Livingston, "Backlash and the DoubleBind," Gender, Race, and Leadership Symposium: An Examination of the Challenges Facing Non-prototypical Leaders (2013), www.hbs.edu/faculty/conferences/2013-w50-research-symposium/Documents/livingston.pdf.

258 拉丁女性高階主管：Sylvia Ann Hewlett et al., "U.S. Latinos Feel They Can't

Be Themselves at Work," *Harvard Business Review*, October 11, 2016,https://hbr.org/2016/10/u-s-latinos-feel-they-cant-be-themselves-at-work.

258 很難在公司裡找到導師：Alexandra E. Petri, "When Potential Mentors Are Mostly White and Male," *The Atlantic*, July 7, 2017,www.theatlantic.com/business/archive/2017/07/mentorship-implicit-bias/532953.

259 執行長退休或被迫出走：Gillian B. White, "There Are Currently 4 Black CEOs in the Fortune 500," *The Atlantic*, October 26, 2017,www.theatlantic.com/business/archive/2017/10/black-ceos-fortune-500/543960.

259 「我管不動比我老的人」：Peter Cappelli, "Managing Older Workers," *Harvard Business Review*, September 2010, https://hbr.org/2010/09/managing-older-workers.

260 當上臉書公司的主管：Julie Zhou, "Managing More Experienced People," *The Looking Glass Email Newsletter*, October 9,2017.

260 讓他們從年輕人身上多學學：Kevin Roose, "Executive Mentors Wanted. Only Millennials Need Apply," *New York Times*, October 15, 2017, www.nytimes.com/2017/10/15/technology/millennial-mentors-executives.html.

260 溫溫順順的人通常主宰了整個世界：Dana Stephens-Craig, "Perception of Introverted Leaders by Mid-to High-level Leaders," *Journal of Marketing and Management* 6, no.1 (May 2015), www.questia.com/library/journal/1P3–3687239281/perception-of-introverted-leaders-by-mid-to-high-level.

261 比爾‧蓋茲、股神巴菲特以及賴瑞‧佩吉：Jim Collins, *Good to Great: Why Some Companies Make the Leap—and Others Don't* (New York: Harper Business, 2011).

261 內向型領導人能為公司帶來更高的利益：Adam M. Grant et al., "Reversing the Extroverted Leadership Advantage: The Role of Employee Proactivity," *Academy of Management Journal* 54, no. 3 (June 1, 2011), http://amj.aom.org/content/54/3/528.short.

261 領導人的保守態度和公司的營收呈現正相關：Ian D. Gow et al., "CEO Personality and Firm Policies," *National Bureau of Economic Research Working Paper* No. 22435 (July 20, 2016),www.nber.org/papers/w22435.

261 蘇珊‧坎恩（Susan Cain）的著作：Adam M. Grant et al., "The Hidden Advantages of Quiet Bosses," *Harvard Business Review*, December 2010, https://hbr.org/2010/12/the-hidden-advantages-of-quiet-bosses.

262 「表面上的客套」：Jennifer Kahnweiler, *The Introverted Leader: Building on Your Quiet Strength* (Oakland, CA: Berrett-Koehler Publishers, 2013).

262 注意你對 MBWA 的傾向：Thomas J. Peters, *In Search of Excellence* (New York: Harper Business, 2006).

263 內向人則需要安靜的環境：Russell G. Geen, "Preferred Stimulation Levels in Introverts and Extroverts: Effects on Arousal and Performance," *Journal of Personality and Social Psychology* 46, no. 6 (June 1984): 1303–12,www.researchgate.net/publication/232469347_Preferred_stimulation_levels_in_introverts_and_extroverts_Effects_on_arousal_and_performance.

263 「最好的領導人最終會是內外向兼備的」：Emma Featherstone, "How Extroverts Are Taking the Top Jobs—and What Introverts Can Do about It," *Guardian*, February 23,2018, www.theguardian.com/business-to-business/2018/feb/23/how-extroverts-are-taking-the-top-jobs-and-what-introverts-can-do-about-it.

有關情緒的更多資訊

273 「在被問到情緒的定義之前」：Beverley Fehr and James A. Russell, "Concept of Emotion Viewed from a Prototype Perspective," *Journal of Experimental Psychology* 113, no. 3(1984): 464.

274 「大腦創造意義的方式」：作者與麗莎‧巴瑞特進行電話訪談，2017 年 11 月 21 日。

274 「統稱的詞彙叫做 pe'ape'a」：Lisa Feldman Barrett, *How Emotions Are Made: The Secret Life of the Brain* (New York: Houghton Mifflin Harcourt, 2017).

275 避免自己有一副厭世臉：Jessica Bennett, "I'm Not Mad. That's Just My RBF," *New York Times*, August 1, 2015,www.nytimes.com/2015/08/02/fashion/im-not-mad-thats-just-my-resting-b-face.html.

276 「你看到一張厭世臉」：與麗莎·巴瑞特面談。

276 透過同理心來處理關係：Andrea Ovans, "How Emotional Intelligence Became a Key Leadership Skill," *Harvard Business Review*, April 28, 2015.

276 沒有 EQ："Breakthrough Ideas for Tomorrow's Business Agenda," *Harvard Business Review*, April 2003.

277 公開談話比死亡還可怕：Karen Kangas Dwyer and Marlina M. Davidson, "Is Public Speaking Really More Feared Than Death?" *Communication Research Reports* 29, no.2 (April 2012): 99–107,www.tandfonline.com/doi/full/10.1080/0 8824096.2012.667772?src=recsys.

278 不會左右你的整體情緒：Susan David and Christine Congleton, "Emotional Agility," *Harvard Business Review*, November 2013,https://hbr.org/2013/11/ emotional-agility.

279 稱為情緒粒度（emotional granularity）：Lisa Feldman Barrett, "Are You in Despair? That's Good," *New York Times*, June 3, 2016, www.nytimes. com/2016/06/05/opinion/sunday/are-you-in-despair-thats-good.html.

279 情緒爆發的可能性也比較低：Ibid.

279 職場訓練公司 LifeLabs Learning：作者與黎安·倫寧格進行電話訪談，2018 年 4 月 19 日。

280 鮮為人知的情緒用字：Tiffany Watt Smith, *The Book of Human Emotions* (New York: Little, Brown, 2016).

情緒傾向評估

285 第八章：作者與黎安·倫寧格進行電話訪談，2018 年 4 月 19 日。

287 數字加起來：Amy C. Edmondson, "Team Psychological Safety," *Administrative Science Quarterly* 44, no. 2 (1999): 350–83.

289 加上第一題的分數：Bonnie M. Hagerty and Kathleen M. Patusky, "Developing a Measure of Sense of Belonging," *Nursing Research* 44, no. 1 (January 1995): 9–13, www.researchgate.net/publication/15335777_Developing_a_Measure_ Of_Sense_of_Belonging.

國家圖書館出版品預行編目 (CIP) 資料

我工作，我沒有不開心：對人對事不上心也是
一種職場優勢／莉茲‧佛斯蓮（Liz Fosslien）、
莫莉‧威斯特‧杜菲（Mollie West Duffy）著；
李函容譯 .
-- 初版 . -- 臺北市：大塊文化 , 2019.07
344 面；14.8x20 公分 . -- (Touch ; 68)

譯自：No hard feelings : the secret power of
embracing emotions at work

ISBN 978-986-213-989-9(平裝)

1. 職場成功法 2. 工作心理學 3. 人際關係

494.35   108009554

LOCUS

LOCUS

LOCUS

LOCUS